tosa

Erstveröffentlichung unter dem Titel:
„The 15-Minute Einstein"
© 2017 Arcturus Holdings Limited

Genehmigte Lizenzausgabe
tosa GmbH
Industriestraße 19
64407 Fränkisch-Crumbach 2019
www.tosa-verlag.de

ISBN 978-3-86313-524-9

Übersetzung, Satz und Umschlaggestaltung:
designcat GmbH

Inhalt

Wer war Albert Einstein?

„*Woher kommt es, dass mich niemand versteht und jeder mag?*"

Albert Einstein – aus einem Interview mit der New York Times, 12. März 1944

Albert Einstein entsprach genau der Vorstellung, die die meisten Menschen von einem Wissenschaftler haben: mit ungepflegtem Haar und geistesabwesend Pfeife rauchend – während er über Dinge nachdachte, die weit über das Verständnis gewöhnlicher Sterblicher hinausgingen. Er war ein Genie und zweifellos einer der größten Wissenschaftler, die je gelebt haben. Aber er hatte auch eine sehr menschliche Seite. So wird erzählt, dass er als alter Mann Kinder erheiterte, indem er mit seinen Ohren wackelte.

Albert Einstein wurde am 14. März 1879 in Ulm geboren, als erstes Kind des jüdischen Ehepaares Hermann und Pauline Einstein. Der kleine Albert lernte nur langsam zu sprechen. „Ich denke selten in Worten", sagte er später einmal. „Ein Gedanke entsteht und ich versuche erst danach, ihn in Worten auszudrücken." Im Juni 1880 zog die Familie nach München, wo Hermann und sein Bruder Jakob ein Unternehmen für Elektrotechnik gründeten. Im November 1881 wurde Einsteins Schwester Maja geboren. Als er sie zum ersten Mal sah, rief er: „Und wo sind die Räder?"

Als er vier oder fünf Jahre alt war, lag der kleine Albert krank im Bett. Sein Vater gab ihm einen Kompass zum Spielen und Albert war fasziniert von den unsichtbaren Kräften, die die Nadel bewegten. Dies hinterließ bei ihm einen tiefen und dauerhaften Eindruck und weckte seine Neugier auf die Welt.

Albert liebte es, Rätsel zu lösen und mit seinem Baukasten komplexe Gebilde entstehen zu lassen. Seine Mutter, eine begabte Pianistin, schickte ihn mit sechs Jahren zum Geigenunterricht – der Beginn seiner lebenslangen Liebe zur Musik.

Im gleichen Jahr kam Einstein in eine katholische Schule in München, wo er häufig Klassenbester war. Das Gerücht, er sei in Mathematik ein schlechter Schüler gewesen, hält sich hartnäckig – aber es ist nicht wahr. Damit konfrontiert, lachte Einstein und erklärte, er sei niemals in Mathematik gescheitert und immer der Erst- oder Zweitbeste in der Klasse gewesen. Die Differenzial- und Integralrechnung habe er bereits vor seinem 15. Lebensjahr beherrscht.

Im Juni 1894 zog die Familie nach Italien, allerdings ohne den 16-jährigen Albert. Er sollte in München seinen Schulabschluss machen. Einstein vermisste seine Familie und wurde depressiv. Sein Hausarzt bescheinigte ihm nervöse Störungen und er wurde aus der Schule entlassen. Im Frühjahr 1895 reiste er zu seiner Familie.

Im Oktober legte er die Aufnahmeprüfung am Polytechnikum Zürich ab und obwohl er in Mathematik und Naturwissenschaften gut abschnitt, wurde er abgelehnt. Daraufhin besuchte er die Kantonsschule in Aarau, um das Zertifikat zu erhalten, das er für das Polytechnikum benötigte. Im Januar 1896 verzichtete Einstein auf die deutsche Staatsbürgerschaft und im Herbst konnte er nach bestandener Prüfung das Studium der Mathematik und Physik am Polytechnikum endlich beginnen. Im Februar 1901 erhielt er die Schweizer Staatsangehörigkeit.

Einstein schloss sein Studium 1900 mit dem Diplom ab und begab sich auf Arbeitssuche. Bewerbungen an verschiedenen Universitäten waren erfolglos, sodass er ab 1901 schließlich mehrere befristete Tätigkeiten als Aushilfslehrer annahm. Während dieser Zeit schrieb er seine Dissertation über die kinetische Theorie von Gasen, die jedoch nicht akzeptiert wurde.

Im Jahr 1902 zog Einstein in die Schweizer Hauptstadt Bern, in der Hoffnung, eine Stelle im Patentamt zu bekommen. Seinen Lebensunterhalt verdiente er zwischenzeitlich mit Privatstunden in Mathematik und Physik.

Im Januar 1902 wurde Einsteins Tochter Lieserl geboren. Die Mutter war Mileva Maric, eine Kommilitonin am Polytechnikum in Zürich. Die Existenz dieses unehelichen Kindes wurde erst durch die Veröffentlichung privater Briefe im Jahr 1986 bekannt. Einstein hatte offensichtlich weder seiner Familie noch seinen Freunden von dem Kind erzählt und es scheinbar auch selbst nie gesehen (es wurde in Marics Heimat Ungarn geboren). Über das Leben von Einsteins Tochter ist nichts bekannt, vermutlich wurde sie entweder zur Adoption freigegeben oder sie starb im Säuglingsalter.

Im Juni 1902 wurde Albert Einstein probeweise im Berner Patentamt angestellt. Ende des Jahres wurde sein Vater schwer krank. Einstein reiste nach Mailand, um bei seinem Vater zu sein. Dieser gab auf dem Sterbebett die Zustimmung zur Ehe seines Sohnes mit Mileva. Am 6. Januar 1903 heiratete Einstein Mileva Maric. Im Mai 1904 wurde Einsteins erster Sohn, Hans Albert, geboren und im Juli 1910 der zweite, Eduard.

Einstein gefiel die Tätigkeit beim Patentamt. Er nahm seine Arbeit sehr ernst, fand aber dennoch genügend Zeit, um seine physikalischen Studien fortzusetzen. Jahre später schrieb Einstein an seinen Freund Michele Besso: „…jene Tage in diesem weltlichen Kloster, wo ich meine schönsten Ideen ausbrütete und wo wir eine so angenehme Zeit miteinander verbrachten."

Im April 1905 reichte Einstein seine Dissertation „Eine neue Bestimmung der Moleküldimensionen" bei der Universität Zürich ein, die im Juli angenommen wurde. Dies war der Beginn einer bemerkenswerten Fülle von Ideen – niemand zuvor oder danach hat die Wissenschaft in so kurzer Zeit derart tiefgreifend verändert, wie es Albert Einstein 1905 gelang.

Veröffentlichungen im Jahr 1905

Die Liste von Einsteins Arbeiten in seinem „Wunderjahr" 1905 ist beeindruckend:

1. „Über einen die Erzeugung und Verwandlung des Lichtes betreffenden heuristischen Gesichtspunkt", vom 17. März. (Dies ist die Veröffentlichung über Lichtquanten und den fotoelektrischen Effekt, die ihm den Nobelpreis für Physik einbrachte und vor seiner Doktorarbeit geschrieben wurde.)
2. „Eine neue Bestimmung der Moleküldimensionen", vom 30. April. (Seine Dissertation, die in der modernen wissenschaftlichen Literatur am häufigsten zitierte Veröffentlichung)
3. „Über die von der molekularkinetischen Theorie der Wärme geforderte Bewegung von in ruhenden Flüssigkeiten suspendierten Teilchen", vom 11. Mai. (Dies war Einsteins Veröffentlichung zur ‚Brownschen Bewegung', welche auf seine Dissertation folgte.)
4. „Zur Elektrodynamik bewegter Körper", vom 30. Juni. (Die erste Veröffentlichung zur speziellen Relativitätstheorie)
5. „Ist die Trägheit eines Körpers von seinem Energiegehalt abhängig?", vom 27. September. (Die zweite Arbeit über die spezielle Relativitätstheorie, die die berühmte Gleichung $E = mc^2$ enthält.)
6. „Zur Theorie der Brownschen Bewegung", vom 19. Dezember. (Eine Fortsetzung seiner früheren Arbeit über ‚Brownsche Bewegung'.)

PATENTE

Im April 1906 wurde Einstein im Patentamt zum technischen Experten zweiten Grades befördert. Seine erste Bewerbung für eine Professur an der Universität Bern im Jahr 1907 wurde abgelehnt, aber ein Jahr später hatte er mehr Erfolg, sodass er Ende des Jahres 1908 seine erste Vorlesung halten konnte. Einstein war entschlossen, sein Leben der Wissenschaft zu widmen, und kündigte im Oktober 1909 seine Stelle im Patentamt. Im gleichen Monat begann er, als außerordentlicher Professor für theoretische Physik an der Universität Zürich zu arbeiten. Er nahm 1911 einen Lehrstuhl an der deutschen Universität in Prag an, kehrte aber nach einem Jahr in die Schweiz zurück, um eine Professur am Zürcher Polytechnikum zu übernehmen.

Beeindruckt von dem, was Einstein erreicht hatte, bot ihm der Physiker Max Planck (1858–1947) eine Professur ohne Lehrverpflichtung an der Berliner Universität an, um ihn zum Mitglied der Preußischen Akademie der Wissenschaften und zum Leiter des geplanten Kaiser-Wilhelm-Instituts der Physik zu machen. Dieses Angebot war zu verlockend, um es abzulehnen. Einstein nahm es begeistert an und zog mit seiner Familie im April 1914 nach Berlin.

Leider war Einsteins Ehe nicht so erfolgreich wie seine Karriere. Bereits nach wenigen Monaten ging Mileva mit den Kindern zurück nach Zürich und im Februar 1919 wurde das Paar geschieden. Von 1917 bis 1920 war Einstein krank und schwach. In dieser Zeit kümmerte sich seine Cousine Elsa Löwenthal um ihn, die er im Juni 1919 heiratete.

Elsa hatte bereits aus erster Ehe zwei Töchter, Ilse und Margot. Charlie Chaplin, der Elsa 1931 traf, beschrieb sie als eine sehr vitale Frau, die es offensichtlich genoss, die Gattin eines berühmten Mannes zu sein.

Zwischen 1909 und 1916 war Einstein mit seiner Arbeit an der „Grundlage der allgemeinen Relativitätstheorie" beschäftigt. Ein Ergebnis davon war die Annahme, dass das Licht eines fernen

Sterns durch das Schwerefeld eines massiven Körpers wie der Sonne gekrümmt wird. Dies wurde 1919 von dem britischen Wissenschaftler Arthur Eddington bestätigt, der Einsteins Entdeckung während einer totalen Sonnenfinsternis beobachten konnte (siehe S. 104). J.J. Thomson, Präsident der Royal Society, erklärte, dies sei „... das wichtigste Ergebnis im Zusammenhang mit der Theorie der Gravitation seit den Tagen Newtons ... eine der größten Errungenschaften des menschlichen Denkens."

In den ersten Tagen des 1. Weltkriegs bekannte sich Einstein öffentlich zum Pazifismus. Das Thema begleitete ihn zeit seines Lebens. Er erhielt eine feindliche Antwort: Der Stabschef des Berliner Militärbezirks befürwortete die Entfernung von Pazifisten aus der Öffentlichkeit, einschließlich Einstein. Die Entdeckung der Relativitätstheorie hatte Einstein ins Rampenlicht gerückt und ihm Einladungen und Ehrungen aus aller Welt beschert.

Aber es gab auch eine Kehrseite des neu gewonnenen Ruhms: Einstein und seine Theorien wurden für anti-semitische Zwecke missbraucht. Sogar einige deutsche Nobelpreisträger waren Einstein gegenüber feindselig eingestellt und forderten eine „deutsche Physik".

Einstein war von den Unruhen im Deutschland der frühen 1920er-Jahre sehr betroffen. 1922 trat er mit Elsa eine fünfmonatige Auslandsreise an – für ihn eine gute Gelegenheit, sich der vorübergehend erhöhten Gefahr in Deutschland zu entziehen. Während dieser Reise erhielt er die Nachricht, dass er mit dem Nobelpreis ausgezeichnet worden war.

Ab 1920 versuchte Einstein eine einheitliche Feldtheorie zu formulieren, die die Gravitation mit der Elektrodynamik verbinden sollte. Diese Aufgabe beschäftigte ihn bis zu seinem Tod und er konnte sie nie erfüllen. Ebenfalls in dieser Zeit legten Niels Bohr, Louis de Broglie, Werner Heisenberg, Wolfgang Pauli und andere Physiker die Grundlagen für die neue Physik der Quantenmechanik. Einstein konnte die Theorien der Quantenmechanik nicht akzeptieren und stellte sie ständig infrage. Heute sind die Lehrsätze der Quantenmechanik ebenso akzeptiert wie Einsteins eigene Theorien, obwohl die Wissenschaft immer noch darüber streitet, wie die beiden Ansichten vereint werden können.

Im Dezember 1932 unternahmen Einstein und seine Frau eine Vortragsreise durch die Vereinigten Staaten. Die politische Situation in Deutschland hatte sich inzwischen deutlich verschlechtert: Bei den Wahlen 1932 wurden die Nationalsozialisten zur stärksten Partei und im Januar 1933 ergriff Hitler die Macht. Einstein sollte nie wieder nach Deutschland zurückkehren. Im Mai 1935 segelte er mit Elsa auf die Bermudas, seine letzte Reise außerhalb der Vereinigten Staaten. Bald darauf wurde Elsa schwer krank und starb im Dezember 1936.

1939 musste Einsteins Schwester Maja aus dem faschistischen Italien fliehen und sie reiste zu ihrem Bruder nach Princeton. Da Europa am Rande eines Krieges stand, war Einstein der Überzeugung, dass deutsche Wissenschaftler an der Atombombe arbeiten würden. In einem Brief an den US-Präsidenten Roosevelt wies er auf diese Gefahr hin und forderte ihn auf, ein eigenes Atombombenprogramm zu starten.

Am 1. Oktober 1940 wurde Einstein amerikanischer Staatsbürger, behielt aber seine Schweizer Staatsbürgerschaft bei. Im Oktober 1946 schrieb er einen offenen Brief an die Generalversammlung der Vereinten Nationen, in dem er auf die Bildung einer Weltregierung drängte. Dies hielt er für die einzige Möglichkeit, dauerhaften Frieden zu gewährleisten.

Im August 1948 starb Einsteins erste Frau, Mileva Maric, in Zürich. Im Dezember des gleichen Jahres musste er sich einer Bauchoperation unterziehen. Im März 1950 machte er sein Testament und setzte seine Sekretärin Helen Dukas und Dr. Otto Nathan als Vollstrecker ein. Helen Dukas war seit April 1928 Einsteins Sekretärin und wurde nach dem Tod Elsas auch seine Haushälterin. Sie sollte bis zu seinem Tode bei Einstein bleiben und sich danach der Sortierung und Katalogisierung seiner Papiere widmen. Ihr ist es größtenteils zu verdanken, dass diese Dokumente heute im Albert-Einstein-Archiv der Hebräischen Universität von Jerusalem zu finden sind. Im November 1952 wurde Einstein die Präsidentschaft Israels angetragen, aber er lehnte ab.

Am 11. April 1955 schrieb Einstein an den Philosophen Bertrand Russell, er sei bereit, ein Manifest gegen Atomwaffen zu unterzeichnen. In der gleichen Woche schrieb Einstein seinen letzten Satz: „Politische Leidenschaften, wo auch immer entfacht, fordern ihre Opfer."

Am 18. April 1955 starb Einstein mit 76 Jahren an einem Aneurysma der Bauchaorta. Gemäß seinem Wunsch wurde er eingeäschert und die Asche an einem unbekannten Ort verstreut.

Bis zum Ende seines Lebens hatte sich Einstein seine Neugierde bezüglich des Universums bewahrt. So schrieb er an einen Freund: „Menschen wie du und ich werden niemals alt. Wir stehen immer wie neugierige Kinder vor dem großen Mysterium, in das wir hineingeboren wurden."

Kapitel 1

Läuft das Universum wie ein Uhrwerk?

Seit es Menschen gibt, die denken können, haben Menschen über das Universum nachgedacht. Hier einige der Ergebnisse ihres Denkens.

Die Musik der Sphären

Der große Denker Plato, um 427 v. Chr. geboren, erklärte, der Himmel sei perfekt und die Sterne und Planeten würden sich in „perfekten Kurven auf perfekten Festkörpern" bewegen. Er glaubte, dass diese Sphären durch ihre Drehbewegung Musik produzierten – eine Vorstellung, die über viele Jahrhunderte bestehen blieb. Das Problem war, dass diese Himmelssphären nicht dem entsprachen, was die Himmelsbeobachter sahen. Es gab einige Sterne, die sich seltsam benahmen und nicht auf ihrem Kurs blieben. Diese sonderbaren Sterne wurden von den Griechen *asteres planetai* genannt – „wandernde Sterne". Wir nennen sie „Planeten".

Die alten Griechen dachten sich verschiedene Szenarien aus, um die Planetenbewegungen zu erklären – Bewegungen von Sphären, die sich innerhalb weiterer Sphären bewegen und alle in leicht unterschiedliche Richtungen rotieren. Um das Jahr 100 legte der Astronom Ptolemäus eine Karte an, die ein erdzentriertes Universum mit verschachtelten Sphären zeigte. Diese

Vorstellung blieb 1400 Jahre lang unwidersprochen, weil sie tatsächlich funktionierte: Ptolemäus' System ließ genaue Vorhersagen zu, wo die Planeten zu einem bestimmten Zeitpunkt stehen würden.

Seiner Zeit voraus

Um 260 v. Chr. erklärte der Astronom Aristarchus, die Sonne sei das Zentrum des Universums und nicht die Erde. Seiner Meinung nach war das die Ursache für die Planetenbewegungen und nicht irgendwelche sphärischen Spielereien. Die Sterne waren unendlich weit entfernt und schienen nur zu wandern, weil die Erde unter ihnen rotierte. Diese vorausschauende Deutung galt bei seinen Zeitgenossen als zu weit hergeholt und wurde weitgehend ignoriert.

Himmlische Revolutionen

Im Jahr 1543 wurde die Astronomie aus ihrem Dornröschenschlaf geweckt, als der polnische Astronom Nikolaus Kopernikus sein Werk *De revolutionibus orbium coelestium* (Über die Umschwünge der himmlischen Kreise) veröffentlichte. Wie bereits 1800 Jahre zuvor Aristarchus ging Kopernikus davon aus, dass sich die Sonne im Zentrum des Universums befand und die Erde und die Planeten darum kreisten, was in seinen Augen einige Rätsel der Planetenbewegung erklärte: Mars, Jupiter und Saturn sind weiter von der Sonne entfernt als die Erde und werden von dieser manchmal überholt, da sie sich in ihrer Umlaufbahn schneller dreht. Dadurch sieht es so aus, als würden die Planeten rückwärts gehen.

Stellen Sie sich einmal vor, Sie würden zum ersten Mal hören, dass die Erde nicht das Zentrum der Schöpfung sei, so wie Sie es immer geglaubt hatten. Kein Wunder also, dass Kopernikus' Ausführungen nicht gut ankamen, vor allem nicht bei der mächtigen Kirche, die sich niemand zum Feind machen wollte. Die Schrift wurde deshalb mit einer Einleitung (ohne die Zustimmung von Kopernikus) veröffentlicht, dass diese revolutionären

Ideen nicht als wahr angesehen werden sollten. 1616 wurde das Werk von der katholischen Kirche auf die Liste der verbotenen Bücher gesetzt – und blieb dort bis 1835.

Die Kunde des kopernikanischen Modells verbreitete sich nur allmählich. Kopernikus glaubte nach wie vor, dass das Universum aus perfekten Kurven geformt und nicht um die Erde zentriert war. Aber zu Beginn des 17. Jahrhunderts führten die gewissenhaften Beobachtungen des deutschen Astronomen Johannes Kepler zu einem sensationellen Ergebnis: Die Bahnen der Planeten waren keine perfekten Kreise, sondern abgeflacht oder ellipsenförmig. Nach Galileis Entdeckung der Jupitermonde stellte Kepler fest, dass auch sie sich elliptisch um den riesigen Planeten drehten.

Kepler legte die drei Gesetze der Planetenbewegung fest, die beschrieben, wie sich die Planeten bewegten, aber nicht, warum sie das taten. Er versuchte herauszufinden, welche Kraft für die Planetenbewegung verantwortlich war. Er nahm an, es müsse mit Magnetismus und der Sonne zusammenhängen, konnte aber keine zufriedenstellende Erklärung finden. Diese sollte erst 50 Jahre später gefunden werden, durch Isaac Newton und seine Vorstellungen von der Schwerkraft.

Newtons Apfel

Vor Einstein beruhte unser Verständnis der Gesetze, die die Bewegung von Objekten durch den Raum steuern, auf der Arbeit des Wissenschaftlers Isaac Newton (1643–1727). Die Geschichte von Newton und dem herabfallenden Apfel ist hinlänglich bekannt, es ist aber nicht übermittelt, wer die einfache

Frage stellte: „Wieso fällt der Mond nicht auf die Erde, so wie der Apfel?" Und es bedurfte eines wahren Genies, um zu schlussfolgern, dass der Mond tatsächlich fällt …

Die universelle Kraft

Newton wusste, dass er mit jeder Erklärung zur Bewegung des Apfels und des Mondes zugleich Keplers Erkenntnisse erklären musste. Im Jahr 1687 schrieb Newton, was als Kandidat auf das bedeutendste, jemals geschriebene Werk der Wissenschaft galt: *Philosophiae Naturalis Principia Mathematica* (Die mathematischen Grundlagen der Naturphilosophie), oft auch einfach *Principia* genannt, legte Newtons Sicht auf das Universum dar, in dem alle Ereignisse vor einem Hintergrund von unendlichem Raum und fließender Zeit stattfanden.

Auf der Grundlage von Galileis und Keplers Experimenten zur Planetenbewegung erstellte Newton seine Bewegungsgesetze und seine Gravitationstheorie.

Newton stellte fest, dass zwischen zwei Objekten immer eine Gravitationskraft besteht, die bewirkt, dass die Objekte sich gegenseitig anziehen. Die Stärke dieser Kraft ist von der Masse der Objekte und von ihrer Entfernung zueinander abhängig. Die Gravitation folgt einem Quadratabstandsgesetz, was bedeutet, dass sich die Stärke der Kraft um das Abstandsquadrat verringert. Wenn man also den Abstand zwischen zwei Objekten verdoppelt, wird die Anziehungskraft auf ein Viertel reduziert. Bei einer fünffachen Entfernung verringert sich die Anziehungskraft auf ein Fünfundzwanzigstel der ursprünglichen Kraft.

Es schien so, als könne Newton mit drei einfachen Bewegungsgesetzen und einem Gravitationsgesetz sämtliche Bewegung im Universum erklären. Newtons Gesetze lieferten eine

Erklärung für Keplers Gesetz der Planetenbewegung und für den Fall des Apfels. Newton leitete seine Gesetze aus drei fundamentalen Größen ab, auf denen die gesamte Wissenschaft aufbaut – Zeit, Masse und Entfernung. Indem man die Zeit kennt, die ein Objekt benötigt, um eine bestimmte Strecke zurückzulegen, kann man seine Geschwindigkeit berechnen. Die Masse gibt Aufschluss über

die Menge der Materie eines Objekts und somit über die Menge der Kraft, die man benötigt, um es zu bewegen. Multipliziert man die Masse mit der Geschwindigkeit, erhält man den Impuls des Objekts, der anzeigt, wie schwer es ist, das Objekt zu stoppen, wenn es sich bewegt. Es war Einstein, der zeigen sollte, dass alle drei Größen relativ waren.

Newtons Bewegungsgesetze

1. Ein Körper verharrt im Zustand der Ruhe oder der gleichförmig geradlinigen Bewegung, sofern er nicht durch einwirkende Kräfte zur Änderung seines Zustands gezwungen wird.
2. Die Änderung der Bewegung ist der Einwirkung der bewegenden Kraft proportional und geschieht nach der Richtung derjenigen geraden Linie, nach welcher jene Kraft wirkt.
3. Kräfte treten immer paarweise auf. Übt ein Körper A auf einen anderen Körper B eine Kraft aus *(actio)*, so wirkt eine gleich große, aber entgegengerichtete Kraft von Körper B auf Körper A *(reactio)*.

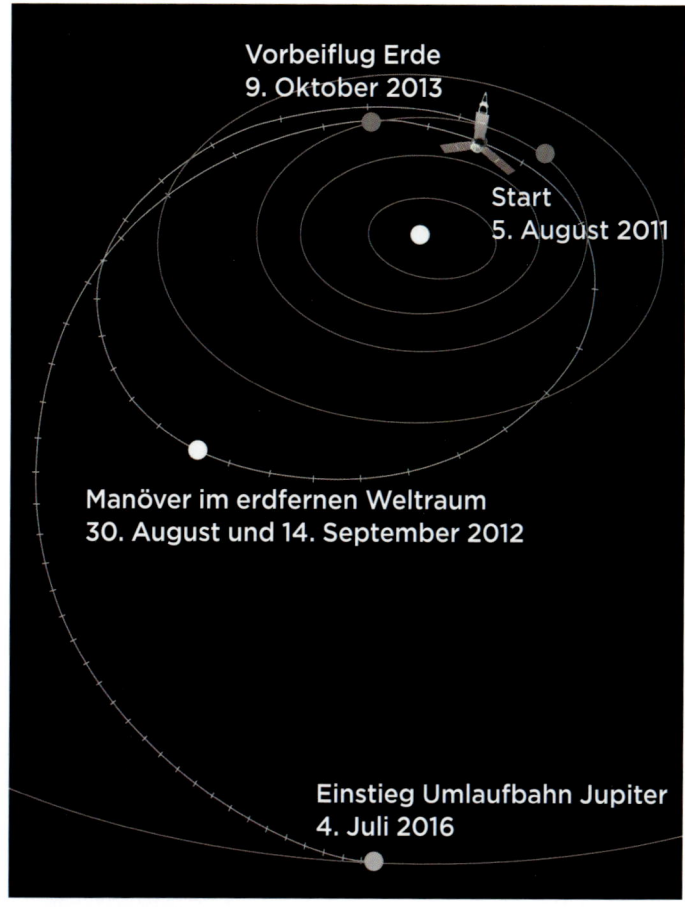

Vorbeiflug Erde
9. Oktober 2013

Start
5. August 2011

Manöver im erdfernen Weltraum
30. August und 14. September 2012

Einstieg Umlaufbahn Jupiter
4. Juli 2016

Zeit und Raum – absolut

Nach Newton sind Zeit und Raum uneingeschränkt. Sie sind die
Bühne, auf der sich das Drama des Universums entfaltet, und
werden von Ereignissen nicht verändert. Für Newton war die
alltäglich vergehende Zeit – Stunde, Monat, Jahr – einfach nur
gewöhnliche Zeit. Diese war zwar nützlich, aber in keinster

Weise vergleichbar mit „wahrer" oder „absoluter" Zeit, wie Newton sie nannte. Absolute Zeit, so nahm er an, ist völlig getrennt vom Weltraum und unabhängig von Ereignissen. Die absolute Zeit tickt gleichmäßig im gesamten Universum, sodass eine Sekunde für Sie exakt das Gleiche ist wie eine Sekunde für mich – wo auch immer wir uns im Universum befinden.

Newton glaubte auch an die Vorstellung des absoluten Raums. Er dachte, es sei möglich, die absolute Position eines Objekts im absoluten Raum anzugeben, fast als könne man das Universum mit dreidimensionalem Millimeterpapier bedecken und sämtliche Positionen hineinzeichnen. Aber es ist ebenso unmöglich, den absoluten Raum zu definieren, wie die absolute Zeit.

Newtons Gesetze blieben mehr als 200 Jahre lang unwiderlegt. Für den Alltagsgebrauch sind sie nach wie vor eine gute Methode, um die Bewegung und die Schwerkraft eines Objektes zu berechnen. Allerdings ist es Newton nicht gelungen, die Ursache der Schwerkraft zu erklären. Als Einstein ins Spiel kam, bot er einen Vorschlag, der selbst Newton erstaunt haben würde.

Kosmische Kanonenkugeln

Zwei Kräfte bestimmen den Flug einer Kanonenkugel: die Schwerkraft und die Kraft, die sie von der Kanone wegtreibt. Als Folge dieser beiden Kräfte, die auf die Kugel einwirken, folgt diese einem gekrümmten Weg zurück zur Erde. Stellen Sie sich vor, dass die Kanone genügend Kraft erzeugt hat, damit der gekrümmte Weg der Kanonenkugel nun der Krümmung der Erde entspricht. Die Kugel würde nun um die Erde herum reisen, aber trotz stetigem Fallen niemals den Boden erreichen. (Zugunsten des Beweises nehmen wir an, es gäbe keinen Luftwiderstand, der die Kugel verlangsamt.) Die Kanonenkugel ist nun ein Satellit in der Umlaufbahn. Genau nach diesem Prinzip gelangen reale Satelliten in die Umlaufbahn, allerdings mit starken Raketen anstatt Kanonen. Der Mond ist wie eine kosmische Kanonenkugel, die in ihrer Umlaufbahn beständig um die Erde „fällt".

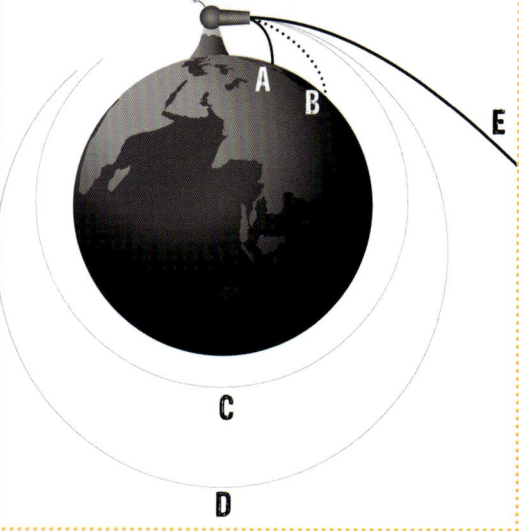

Kapitel 2

Was ist Licht?

Die Natur des Lichts untermauert einen Großteil von Albert Einsteins Werk – aber was ist das eigentlich?

Die Natur des Lichts bildet das Herzstück von Einsteins Arbeit. Jahrhundertelang haben die Menschen versucht, die verschiedenen Phänomene des Lichts zu erklären. Ein Ansatz hierfür kam von den alten Griechen: Im 6. Jh. v. Chr. dachte der griechische Philosoph Pythagoras, das Sehvermögen sei ein besonders empfindlicher Tastsinn und die Augen würden unsichtbare Strahlen produzieren, mit denen wir Objekte erspüren. Ein anderer griechischer Denker, Demokrit, glaubte, dass Objekte unaufhörlich Bilder von sich selbst aussenden, die wir fühlen. Beide Vorstellungen hatten aber einen Haken: Warum konnten wir dann nicht auch in der Nacht gut sehen? Plato machte den Vorschlag, dass das innere Licht der Augen mit dem Sonnenlicht vermischt werden müsste, um etwas zu sehen. Aristoteles nahm an, dass wir nur angeleuchtete Dinge sehen könnten, aber dieser Gedanke wurde als zu einfach verworfen!

Wellen oder Teilchen?

Die Griechen hatten gegensätzliche Ansichten bezüglich der Natur des Lichts. Die eine besagte, dass Licht eine Störung im Äther sei, eine unsichtbare, nicht wahrnehmbare Substanz, die den Raum erfüllte. Eine andere Vorstellung von Aristoteles sah das Licht als eine Welle, die ähnlich einer Ozeanwelle durch den Äther reist. Eine weitere Vorstellung hielt das Licht für einen Strom winziger Teilchen, die zu klein und schnell waren, um wahrgenommen zu werden. Platon und Aristoteles widersprachen beide der Teilchentheorie, sodass während der nächsten 2000 Jahre die Vorstellung akzeptiert wurde, dass Licht reise in Wellen.

Es werde Licht ...

Der arabische Physiker Alhazen (965–1038) zog endlich einen Schlussstrich unter die Idee, dass Lichtstrahlen von den Augen selbst ausgesendet werden. Er legte ein für alle Mal fest, dass wir Dinge deshalb sehen, weil sie entweder Licht reflektieren oder selbst eine Lichtquelle darstellen, wie z. B. eine Kerze oder die Sonne.

Biegen wie Bacon

Der englische Mönch Roger Bacon (ca. 1220–1292) war ein Schüler von Grosseteste und war wie sein Lehrer von der Erforschung des Lichts begeistert. Anscheinend war er der erste moderne Wissenschaftler, der der Durchführung von Experimenten große Bedeutung beimaß. Einige dieser Experimente befassten sich mit der Biegung und Bündelung von Licht, das durch eine Linse fällt. Bacon war der Erste, der zur Verbesserung der Sehkraft eine Brille empfahl.

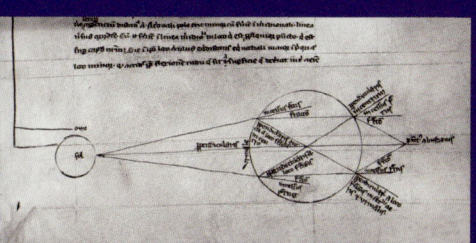

Der englische Gelehrte Robert Grosseteste (1168–1253) las Alhazens Ausführungen und führte dazu selbst einige Experimente durch. Er glaubte, das gesamte Universum sei aus Licht gemacht.

Licht habe vor allen anderen Dingen existiert und sich von einem einzelnen Punkt aus ausgebreitet, hinein in eine Sphäre, die in sich alle anderen Dinge enthielt. Diese Auffassung beinhaltete bereits einige Parallelen zu unseren gegenwärtigen Vorstellungen vom Universum.

Teilchen oder Wellen?

Neben seiner Forschung über Bewegung und Schwerkraft beschäftigte sich Isaac Newton auch mit dem Licht. Er führte einige Experimente durch und hatte eigene Ideen über die Natur des Lichts. Er demonstrierte, dass weißes Licht in allen Regenbogenfarben aufgesplittet wird, wenn es durch ein Prisma fällt. Er bemerkte, dass Licht in geraden Linien verläuft und dass Schatten scharfe Kanten haben. Für Newton war es offensichtlich, dass Licht ein Strom von Teilchen ist und keine Welle.

Thomas Young (1773–1829) hatte einen derart eindrucksvollen Intellekt, dass seine Kommilitonen an der Universität von Cambridge ihn „Phänomen" nannten. Er hatte verschiedene Vorstellungen von Licht.

Young wollte die Frage „Welle oder Teilchen" durch Experimente beantworten. Er nahm an, wenn die Wellenlänge des Lichts kurz genug war, würde es sich scheinbar in geraden Linien bewegen, als wäre es ein Teilchenstrom. 1803 führte er ein Experiment durch, das durch seine Eleganz und Schlichtheit bestach.

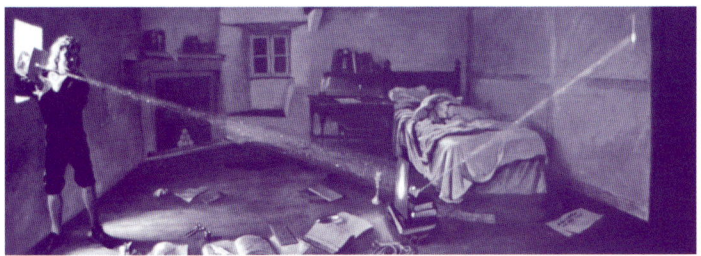

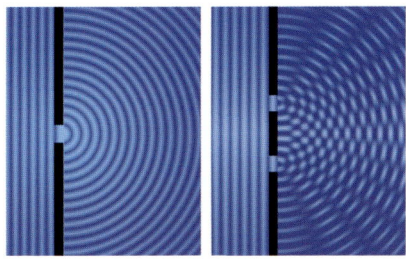

Er begann, indem er eine Jalousie mit einem kleinen Loch versah, welches ihm als Punktquelle der Beleuchtung diente. Dann nahm er ein Brett und bohrte dicht nebeneinander zwei Stiftlöcher hinein. Er positionierte das Brett derart, dass das Licht, das durch das Loch in der Jalousie kam, ebenfalls durch die beiden Löcher und auf eine Leinwand fiel. Wenn Newton recht hatte und das Licht ein Strom von Teilchen war, dann müssten auf der Leinwand zwei Lichtpunkte zu sehen sein, wo die Teilchen durch die Stiftlöcher wanderten. Nun – was sah Young tatsächlich?

Wir verabschieden die Teilchen ... vorerst

Zwei Jahre zuvor, 1801, hatte Young einen Effekt beschrieben, den er „Interferenz" nannte. Wenn sich zwei Wellen treffen, prallen sie nicht aneinander ab wie zwei kollidierende Billardkugeln. Stattdessen scheinen sie geradewegs durch sich hindurchzugehen. Beobachten Sie, wie Regentropfen auf einen Teich fallen, die Wellen sich ausbreiten, treffen und weitergehen, während sie sich kreuzen.

Wo sich die Wellen kreuzen, verbinden sie sich miteinander. Wenn die Spitze einer Welle auf die Spitze einer anderen trifft, addieren sie sich zu einer noch höheren; zwei Wellentäler ergeben ein noch tieferes Wellental und ein Wellental und eine Spitze heben sich gegenseitig auf. Das Ergebnis ist ein Interferenzmuster, das anzeigt, wo sich die Wellen addieren und aufheben. Und genau das sah Young auf seiner Leinwand.

Er sah weniger zwei einzelne Lichtpunkte als vielmehr eine Reihe von gebogenen, farbigen Streifen, die durch dunkle Linien getrennt sind, genau so, wie man es erwarten würde, wenn Licht eine Welle wäre. Leider war es nicht wirklich brauchbar, um dem großen Newton zu widersprechen, und Youngs Erkenntnisse kamen nicht gut an.

Aber die Frage blieb: Was war Licht tatsächlich? Und wenn es wirklich eine Welle war, wie reiste es dann durch den Weltraum? Der Ansatz einer Antwort kam aus der Erforschung einer scheinbar ganz anderen Kraft – der Elektrizität.

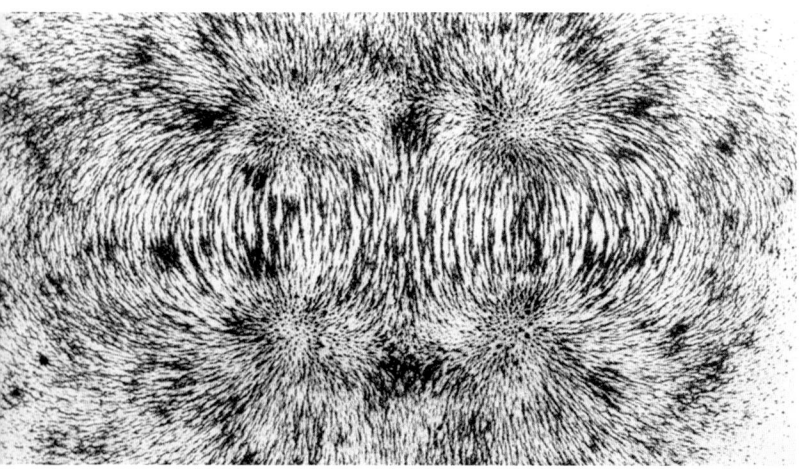

Die Geheimnisse des Elektromagnetismus

Im Laufe des 19. Jahrhunderts gewannen die Wissenschaftler mehr und mehr Kenntnisse über die Elektrizität. Eine ihrer Entdeckungen war die enge Beziehung zwischen Elektrizität und Magnetismus.

Im Jahre 1820 entdeckte der dänische Physiker Hans Christian Øersted, dass ein Kabel, durch das Strom fließt, die Nadel eines Kompasses ausschlagen lässt. Der französische Wissenschaftler André-Marie Ampère (nach dem die Einheit der Stromstärke Ampère benannt ist) experimentierte weiter. Er legte zwei Strom führende Kabel dicht nebeneinander und fand heraus, dass zwei Dinge passieren konnten: Wenn der Strom in beiden Kabeln in die gleiche Richtung floss, stießen sie sich gegenseitig ab. Floss der Strom aber in unterschiedliche Richtungen, dann wurden sie voneinander angezogen. Die Kabel verhielten sich also wie Magnete.

Elektromagnetische Induktion

Im Verlauf hunderter Versuche stellte der englische Wissenschaftler Michael Faraday Anfang des 19. Jahrhunderts fest, dass so wie elektrischer Strom Magnetismus produzierte, so erzeugte auch ein Magnet, der sich durch eine Rolle Draht bewegte, Elektrizität. Der Magnet musste sich bewegen – wenn er statisch war, passierte nichts.

Elektrischer Strom erzeugt Magnetfelder und sich bewegende Magnete erzeugen elektrischen Strom: Diesen Prozess nennt man elektromagnetische Induktion. Dass Magnetismus und Elektrizität grundsätzlich in Zusammenhang stehen, konnte nicht länger bezweifelt werden. Unsere Welt wäre eine andere ohne diese Entdeckung. Sie ist das Prinzip, das hinter der gesamten Elektrizität steht, die produziert wird und unsere zahllosen Motoren antreibt.

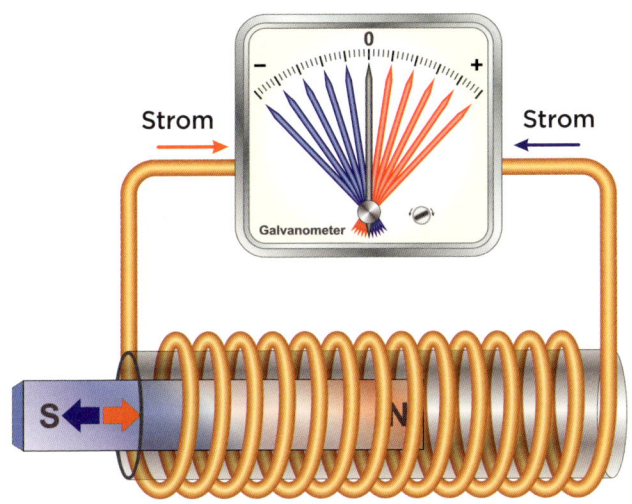

Der Faraday-Effekt

Faraday war davon überzeugt, dass es eine Verbindung gab zwischen Elektrizität, Magnetismus und Licht. 1845 führte er im Keller der Royal Institution in London einen Versuch durch und fand heraus, dass er die Polarisation eines Lichtstrahls mit einem Elektromagneten beeinflussen konnte, und zeigte somit, dass Licht tatsächlich magnetische Eigenschaften besitzt. Faraday schrieb in sein Notizbuch: „Es ist mir endlich gelungen … einen Lichtstrahl zu magnetisieren." Diese Demonstration des sogenannten Faraday-Effekts war ein wichtiger Schritt bei Faradays Entwicklung der Feldtheorie des Elektromagnetismus, welche wiederum das Werk des Physikers James Clerk Maxwell und später Albert Einstein beeinflussen sollte.

Felder und Kräfte

Faraday wollte erklären, wie ein Magnet in einem Kabel elektrischen Strom erzeugen kann, ohne mit ihm in Kontakt zu kommen, oder wie elektrischer Strom eine Kompassnadel zum Ausschlagen bringt. Das brachte ihn auf die Idee eines elektromagnetischen Feldes. Er sah dieses als Kraftlinien oder „Flusslinien", die sich unsichtbar im Raum ausdehnten. Es ist ganz einfach, diese Linien sichtbar zu machen: Legen Sie einen Magneten unter ein Blatt Papier und streuen Sie einige Eisenspäne darauf. Die entstehenden Muster zeigen die magnetischen Kraftlinien.

Gemäß Faradays Feldtheorie war der Magnet nicht das Zentrum der magnetischen Kraft, vielmehr konzentrierte er die Kraft durch sich selbst. Die magnetische Kraft war nicht in dem Magnet, sondern in einem magnetischen Feld in dem umgebenden Raum.

Hin zu einem tieferen Verständnis

Ungefähr 20 Jahre nach Faradays Feldtheorie wurde die Idee von dem schottischen Physiker James Clerk Maxwell (1831–1879) aufgegriffen, der Faradays Ideen mathematisch ausdrücken wollte. Albert Einstein sollte später Maxwells Arbeit über Elektromagnetismus als „das Profundeste und Fruchtbarste, das

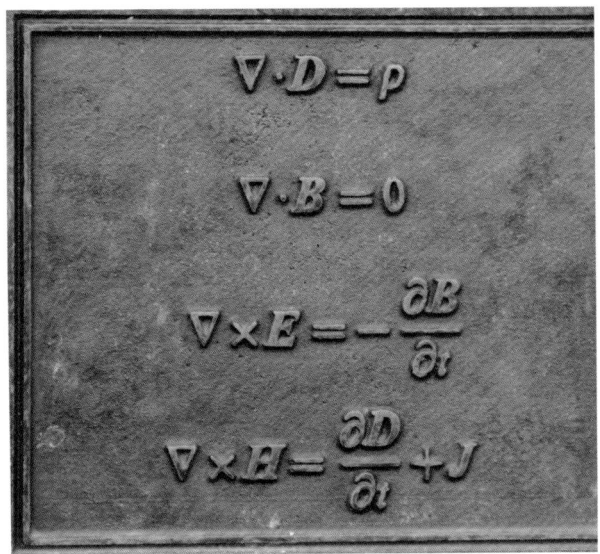

Physiker seit Newton herausgefunden haben" bezeichnen.

In nur vier kurzen Gleichungen gelang es Maxwell, all die elektrischen und magnetischen Phänomene zu beschreiben, die von Faraday und anderen Forschern beobachtet und aufgeschrieben worden waren. Maxwells Gleichungen beschrieben die verschiedenen Aspekte und das Verhalten beider Kräfte und lieferten genaue Voraussagen für zukünftige Experimente. Als Einstein damit beschäftigt war, sämtliche Ideen über die Funktionsweise des Universums zu erschüttern, hielten Maxwells Gleichungen der Herausforderung stand und blieben unbeschadet.

Aus seinen Gleichungen erklärte Maxwell die Existenz elektromagnetischer Wellen. Sie können sich eine elektromagnetische Welle wie zwei Wellen vorstellen, die in die gleiche Richtung reisen, aber im rechten Winkel zueinander. Eine dieser Wellen ist ein schwingendes Magnetfeld, die andere ein elektrisches Feld, welches sich ebenso verhält. Die beiden Felder halten miteinander Schritt, während die Welle weiterrollt. Daraus schloss Maxwell, dass Elektrizität und Magnetismus miteinander verbunden sind und das eine ohne das andere nicht bestehen kann.

Maxwell nutzte seine Gleichungen, um die Geschwindigkeit einer elektromagnetischen Welle zu berechnen. Sein Ergebnis: 299 792 458 Meter pro Sekunde (m/s). Dies stimmte mit den Ergebnissen von Experimenten zur Lichtgeschwindigkeit überein, was Maxwell zu der Annahme veranlasste, das Licht selbst sei eine elektromagnetische Welle.

Das elektromagnetische Spektrum

Maxwell sagte voraus, dass es ein ganzes Spektrum elektromagnetischer Wellen gebe, und so hat es sich erwiesen. Infrarot- und ultraviolettes Licht, das für das menschliche Auge unsichtbar war, war bereits an beiden Enden des sichtbaren Spektrums entdeckt worden und Wissenschaftler hatten gezeigt, dass sie dieselben wellenartigen Eigenschaften wie sichtbares Licht hatten. Nach Maxwells Tod wurde das Spektrum durch die Entdeckung langwelliger Radiowellen und sehr kurzwelliger Röntgen- und Gammastrahlen erweitert.

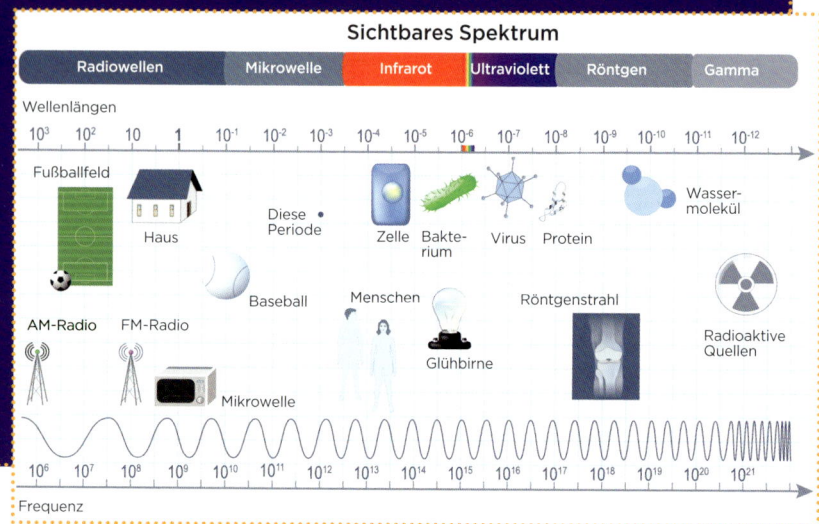

Kapitel 3

Wie bewegen sich Lichtwellen durch den Raum?

Michelson und Morley konnten den Äther nicht finden und Lorenz und Fitzgerald hatten ein „schrumpfendes" Gefühl – Zeit für Einstein!

Wenn Licht eine Welle ist, wie Maxwell annahm, wie bewegt es sich dann durch das Vakuum des Raums? Schließlich benötigen Wellen irgendein Medium, das sie trägt. Wenn Sie im Swimmingpool Ihre Arme auf und nieder bewegen, entstehen Wellen und wenn Sie in die Hände klatschen, entsteht eine Geräuschwelle. Aber wie bewegt sich das Licht von der Sonne hierher? Nach Ansicht Maxwells und seiner Zeitgenossen musste sich Licht ebenfalls durch ein Medium bewegen. Dieses nannten sie „Äther".

Äther oder was?

Dieser Äther war ein seltsamer Stoff. Er war nicht wahrnehmbar und bot offenbar keinen Widerstand gegen Planeten oder andere Objekte. Licht konnte unvermindert hindurchdringen und beleuchtete den Äther auch nicht. Aber er musste den ganzen Raum ausfüllen, da das Licht der Sterne uns aus allen Richtungen erreicht. Wie konnte diese geisterhafte Substanz aufgespürt werden?

Die genialen Erneuerer des 19. Jahrhunderts begaben sich auf die Suche nach dem schwer fassbaren Äther. Zwei besonders engagierte Forscher waren die amerikanischen Wissenschaftler Albert Michelson und Edward Morley, die eine Reihe präziser Experimente anstellten, um die Auswirkungen von Äther auf das Licht, das durch ihn hindurchgegangen ist, zu demonstrieren.

Gegen den Wind

Während sich die Erde in ihrer Umlaufbahn um die Sonne bewegte, konnte der Fluss des Äthers über die Erdoberfläche einen „Ätherwind" erzeugen, so die Annahme. Ein Lichtstrahl, der durch den Äther reist, sollte schneller reisen, wenn er sich mit dem Wind bewegt, und langsamer, wenn er sich dagegen bewegt. Das Hauptziel von Michelsons und Morleys wichtigstem Experiment von 1887 bestand darin, die Lichtgeschwindigkeit in verschiedenen Richtungen zu messen und so die Geschwindigkeit des Äthers relativ zur Erde zu bestimmen.

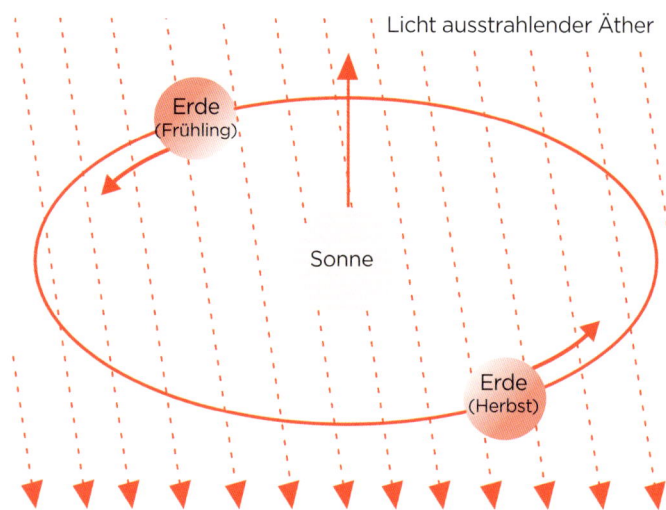

Um die Messungen durchzuführen, entwickelte Michelson ein Gerät namens Interferometer. Dieses sandte den Strahl einer Lichtquelle durch einen halb versilberten Spiegel. Dadurch wurde das Licht in zwei Strahlen aufgeteilt, die sich im rechten Winkel zueinander bewegten. Die Strahlen wurden von zwei weiteren Spiegeln in die Mitte zurückgeworfen. Die Strahlen verbanden sich wieder miteinander und erzeugten ein Interferenzmuster, das durch ein Okular beobachtet werden konnte.

Jede Veränderung der Zeit, die die Strahlen zwischen den Spiegeln benötigen, würde als eine Verschiebung des Interferenzmusters angesehen werden. Das Interferometer schwamm in einem Trog mit Quecksilber, wodurch es langsam rotierte. Wenn die Äther-Theorie richtig war, würde sich die Geschwindigkeit der Lichtstrahlen ändern, wenn sich ihre Richtung in Bezug auf die Richtung der Erdbahn änderte. Michelson und Morley entdeckten, dass es weder einen Unterschied machte, wie sie den Apparat drehten, noch zu welcher Tageszeit sie ihre Messungen durchführten. Die Geschwindigkeit der Lichtstrahlen blieb immer gleich. Es schien, als würde der Äther gar nicht existieren.

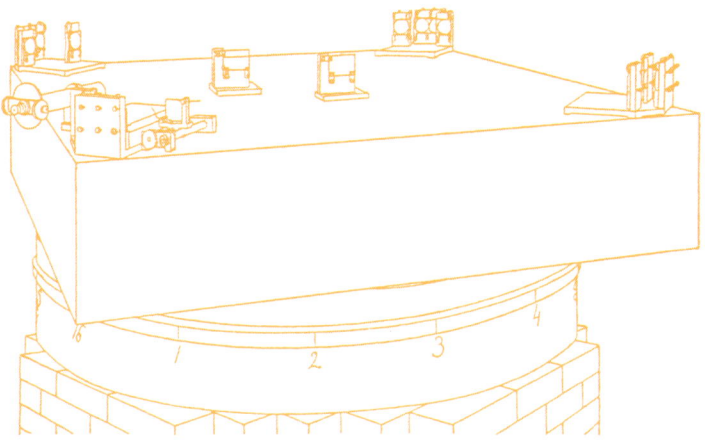

Die Suche nach einer Erklärung

Die Welt der Physik wurde erschüttert, als es nicht gelang, Beweise für Äther zu finden. Obwohl niemand die Zuverlässigkeit des Experiments anzweifelte, widerstrebte es den Wissenschaftlern, das Ergebnis zu akzeptieren. Sie suchten nach einem Weg, um die Ergebnisse zu erklären und dennoch an der Existenz des Äthers festzuhalten. Michelson selbst war von den Ergebnissen verblüfft. Er wiederholte das Experiment, sogar auf einer Bergspitze, aber die Lichtgeschwindigkeit blieb die Gleiche – es gab nicht die leisesten Anzeichen für die Existenz des Äthers.

Michelson fragte sich sogar, ob dies daran lag, dass der Äther an der Erde klebte und von ihr mitgeschleift wurde.

Die Lorentz-Fitzgerald-Kontraktion

Der holländische Physiker Hendrick Lorentz und der irische Physiker George Fitzgerald arbeiteten unabhängig voneinander, kamen aber zur gleichen Lösung des Problems. 1889 veröffentlichte Fitzgerald eine kurze Schrift von weniger als einer halben Seite, worin er darlegte, dass die Ergebnisse des Michelson-Morley-Experiments nur erklärt werden konnten, wenn die Objekte in ihrer Länge durch den Äther verkürzt wurden.

Ohne Fitzgeralds Idee zu kennen, stellte Lorentz 1892 einen fast identischen Vorschlag vor. Die vorgeschlagene Längenreduzierung war verschwindend gering, für ein Objekt von der Größe der Erde nur ein paar Zentimeter, aber es würde reichen, um die Ergebnisse von Michelson und Morley zu erklären. Dies mag nach ein wenig Schummelei aussehen: Wo war der Beweis dafür, dass Objekte schrumpften?

Einige Jahre später sollte ein Angestellter eines Schweizer Patentbüros der Welt zeigen, dass die Idee des Äthers schlichtweg unnötig war. Albert Einstein sollte vorschlagen, dass man einfach nur den Begriff der absoluten Zeit aufgeben müsse.

Wie bewegen sich elektromagnetische Wellen durch den Raum?

Eine elektromagnetische Welle entsteht durch Wechsel in den elektrischen und magnetischen Feldern. Wie von Faraday und anderen gezeigt, produziert ein wechselndes elektrisches Feld ein wechselndes magnetisches Feld und umgekehrt. Eine elektromagnetische Welle ist selbstverbreitend und braucht kein Medium. Im Gegensatz zu einer Wasserwelle, die Wassermoleküle verdrängt, wird durch eine elektromagnetische Welle nichts im Raum verschoben. Man könnte sich eine elektromagnetische Welle als eine Energie tragende Störung vorstellen, die sich unsichtbar durch den Raum bewegt, bis sie mit Materie interagiert.

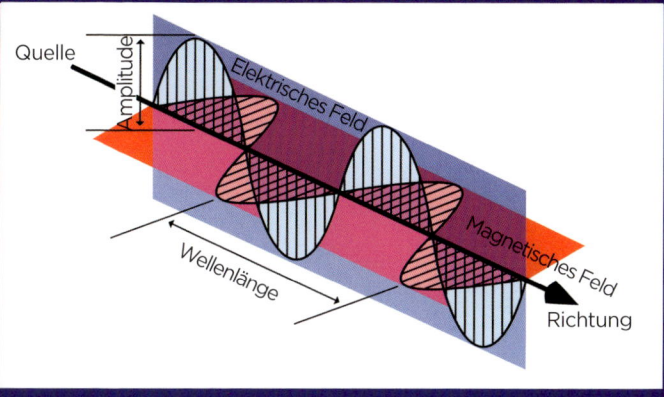

Kapitel 4

Wie hat Einstein von den Quanten erfahren?

Die Physiker hatten Schwierigkeiten, ihre Ideen über Elektromagnetismus und Thermodynamik zusammenzubringen, bis Max Planck eine radikal neue Idee entwickelte – das Quant.

Wenn man eine Metallstange ausreichend erhitzt, wird sie rot glühend. Erhitzt man sie weiter, glüht sie gelb und schließlich weiß – sie gibt Licht bei allen Wellenlängen des Spektrums ab. Aber warum ist das so? Warum verursacht die Temperaturerhöhung die Erzeugung elektromagnetischer Wellen?

Schwarzkörperstrahlung

Tatsache ist, dass jedes Objekt ständig elektromagnetische Strahlung abgibt. Die Menge dieser Strahlung, „Schwarzkörperstrahlung" genannt, hängt von der Temperatur des Objekts ab.

NASA/IPAC 93.4 90 85 80 75 73.6

Ein Schwarzkörper ist einfach ein Gegenstand, der die auftreffende elektromagnetische Strahlung absorbiert und dann wieder ausstrahlt, meist in Form von Infrarotstrahlung, die wir als Wärme wahrnehmen. Je heißer ein Objekt ist, desto energiereicher ist seine Schwarzkörperstrahlung. Ist es heiß genug, gibt es Schwarzkörperstrahlung in Form von Licht und sogar höherfrequenten elektromagnetischen Wellen ab. Das war ein Problem für klassische Physiker und deren Verständnis davon, wie Wellen arbeiten. Es machte durchaus Sinn, dass das Licht heller wurde, aber warum wechselte es seine Farbe?

Theoretisch würde ein idealer Schwarzkörper Strahlung bei allen Frequenzen absorbieren und aussenden, aber natürlich ist nichts in der realen Welt ideal. Alle Objekte im Universum tauschen ständig miteinander elektromagnetische Strahlung aus. Deshalb kühlt nichts jemals herunter auf null, der theoretisch niedrigstmöglichen Temperatur, bei der eine Substanz überhaupt keine Energie überträgt.

Es ist eine Katastrophe!

Als die Physiker des späten 19. Jahrhunderts versuchten, ihre Beobachtungen der Schwarzkörperstrahlung zu erklären, stießen sie auf ein Problem. Nach den Gesetzen der Physik, wie sie damals verstanden wurden, sollte ein heißer Körper Strahlung bei allen Frequenzen abgeben, kurzwellige Röntgenstrahlen und Gammastrahlen sowie lange Wellenlängen wie Radiowellen eingeschlossen. Da es für die höheren Frequenzen praktisch keine obere Grenze gibt und es daher viel mehr höhere Frequenzen als niedrige gibt, würde dies bedeuten, dass unendlich viele Wellen erzeugt werden, die alle Energie transportieren. Dies wurde als ultraviolette Katastrophe bekannt.

Es schien, als ob irgendwo in der gegenwärtigen Vorstellung von Thermodynamik und Elektromagnetismus ein Fehler sein musste – aber worin lag er? Niemand hatte eine Antwort auf dieses Problem. Dann lieferte der deutsche Physiker Max Planck eine radikale und verblüffende Lösung, die die Physik veränderte.

In das Quantenuniversum

Am 19. Oktober 1900 hielt Planck eine Rede an die Deutsche Physikalische Gesellschaft, die den Beginn eines neuen Zeitalters der Physik einläutete. Er nahm an, dass Energie, anstatt wie eine Welle eine kontinuierliche und unendlich variable Menge zu sein, in Paketen komme. Er nannte sie Energiequanten (von lateinisch *quantum* = wie viel). Energie könne nur in ganzen Quanten abgegeben oder aufgenommen werden und jedes Quant habe seine eigene Wellenlänge und Frequenz.

Dies erklärte, warum ein Schwarzkörper keine Strahlung gleichmäßig über das gesamte elektromagnetische Spektrum abgeben würde. Es war viel einfacher, ein Infrarotquant zu emittieren als ein ultraviolettes, welches wesentlich mehr Energie erforderte. Die ultraviolette Katastrophe wurde verhindert, weil immer größere Mengen an Energie benötigt werden, um

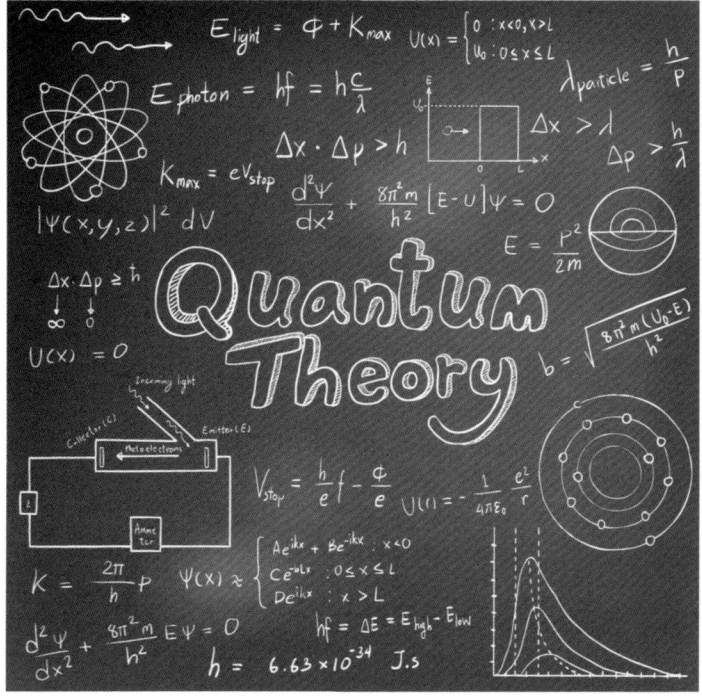

sie zu erreichen, obwohl es viel mehr höhere Frequenzen als niedrigere gibt. Ein Quantum violettes Licht hat zum Beispiel die doppelte Frequenz und damit die doppelte Energie eines Quantums roten Lichts.

Objekte durchlaufen das Spektrum von Infrarot bis Rot, Orange, Blau und Weiß, während sie sich aufheizen, da die Temperaturerhöhung dazu führt, dass die Partikel, aus denen das Objekt besteht, energetischer werden. Dieser Anstieg der Energie ermöglicht die Bildung höherer Frequenzquanten.

Planck vermutete, dass die Energie eines Quants mit seiner Frequenz in Beziehung gesetzt wird, indem er die einfache Formel $E = \hbar v$ verwendete, wobei E der Energie, v der Frequenz und $\hbar$ einem Wert entspricht, der als Plancksche Konstante bekannt ist. Die Energie eines Strahlungsquantums kann berechnet werden, indem man seine Frequenz mit der Planckschen Konstanten multipliziert. Unter Verwendung seiner Formel konnte Planck die gesamte Energiemenge in einem Ofen bei jeder gegebenen Temperatur genau vorhersagen.

Es konnte kein Zweifel bestehen, dass Plancks Lösung funktionierte; was die Theorie vorhersagte, stimmte mit dem überein, was durch Experimente herausgefunden wurde. Planck selbst hielt seine Erklärung für unglaubwürdig, weil sie allem widersprach, was er seit Jahren gelernt hatte, und er versuchte deshalb jahrelang, seine eigene Theorie zu widerlegen. Aber er akzeptierte die Theorie als eine bequeme Lösung für das, was passierte, wenn Materie Energie absorbierte oder ausstrahlte, obwohl er keinen guten Grund dafür angeben konnte. Der Grund sollte nur einige Jahre später von Albert Einstein geliefert werden.

Was ist eine Konstante?

In allen grundlegenden Theorien der Physik erscheinen bestimmte fundamentale Quantitäten, die unabhängig von den Bedingungen immer gleich bleiben. Diese nennt man physikalische Konstanten. Sie beinhalten die Plancksche Konstante h, die Energie und Frequenz in einem Quantum verbindet; c, die Geschwindigkeit des Lichts, und G, die Gravitationskonstante. Physikalische Konstanten, so nimmt man an, gelten unter allen Umständen und verändern sich nicht.

Zu dem Zeitpunkt, als Max Planck seine Theorie der Quantennatur der Energie vorstellte, gab der 21-jährige Albert Einstein Privatunterricht als Mathematik-Tutor und arbeitete an seinem ersten Werk über den Kapillareffekt. Seine Reaktion auf Plancks Theorie war, dass „es so war, als ob der Boden unter uns weggezogen worden wäre". Planck hatte einen starken Einfluss auf Einsteins Denken. Die beiden Männer verbrachten viel Zeit miteinander und tauschten über Jahre ihre Ideen aus. Als Planck 1947 starb, bemerkte Max Born: „Es ist schwierig, sich zwei Männer mit unterschiedlicherer Lebenseinstellung vorzustellen.

Doch was waren all diese Unterschiede angesichts ihrer Gemeinsamkeit: das faszinierende Interesse an den Geheimnissen der Natur."

Photone abfeuern

Wenn Atome genügend Energie absorbieren, können die Elektronen, die den Atomkern umgeben, in höhere Bahnen springen. Wenn das Elektron in seine ursprüngliche Umlaufbahn zurückfällt, gibt es ein Quantum elektromagnetischer Energie ab, ein Photon. Die Menge an Energie in dem Photon hängt davon ab, wie weit das Elektron zurückfällt. Je weiter außerhalb des Kerns das Elektron verstärkt wurde, desto höher ist die Energie des Photons, das freigesetzt wird, wenn es in seine ursprüngliche Position zurückkehrt. In der Begrifflichkeit der Schwarzkörper-Strahlung ausgedrückt: Je mehr man hineinstellt, desto mehr bekommt man heraus.

Kapitel 5

Was war Einsteins Theorie des foto-elektrischen Effekts?

Einstein benutzte Plancks Theorie des Quantums, um das rätselhafte Phänomen des fotoelektrischen Effekts zu erklären.

Es gab einen weiteren merkwürdigen Aspekt der Strahlung, der einer Erklärung bedurfte: der sogenannte „fotoelektrische Effekt". Es war bekannt, dass Elektronen emittiert würden, wenn ein Lichtstrahl auf bestimmte Arten von Metall gerichtet wäre. Dieses Wissen liegt dem solarerzeugten Strom zugrunde.

Zunächst schien es, als könne der Effekt elektromagnetisch erklärt werden. Das elektrische Feld der elektromagnetischen Welle, so wurde angenommen, gab den Elektronen die Energie, die sie brauchten, um sich vom Metall zu lösen. Doch schon bald wurde es offensichtlich, dass das noch nicht alles war.

Die Energie der freigesetzten Elektronen hing von der Frequenz des Lichts ab – nicht aber von seiner Intensität. Es schien, als ob ein helleres Licht mehr Energie habe und so höhere Energieelektronen erzeuge, aber egal wie hell das verwendete Licht war, die Elektronen, die auftauchten, hatten immer noch die gleiche Energie. Nur wenn man das Licht von Rot auf Violett und dann auf Ultraviolett hochschaltete, wurden Elektronen mit höherer Energie emittiert. Ein helleres Licht produzierte mehr Elektronen, aber ihre Energie blieb gleich. Wenn das Licht niedrig genug wäre, würden überhaupt keine Elektronen emittiert werden, selbst wenn das Licht blendend hell wäre. Die Wellentheorie des Lichts konnte diese Ergebnisse nicht erklären.

Lichtquanten

Einstein war fasziniert von dem Phänomen. 1904 schrieb er an einen Freund, er habe „auf einfachste Weise die Beziehung zwischen der Größe der Elementarquanten der Materie und den Wellenlängen der Strahlung gefunden." In einem Aufsatz, den er im März 1905 in der Zeitschrift *Annalen der Physik* veröffentlichte, dem ersten in diesem bemerkenswerten Jahr, nahm Einstein die Ergebnisse der Experimente über den fotoelektrischen Effekt und verband sie mit Plancks Theorie – mit dem Ergebnis gewann er 1921 den Nobelpreis.

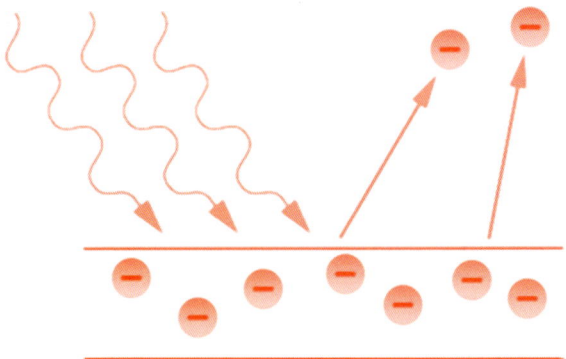

Einstein begann mit der Betrachtung der Unterschiede zwischen Partikeltheorien und Wellentheorien sowie solchen, die das Verhalten elektromagnetischer Strahlung beschreiben. Obwohl er kurz davor war, ein starkes Argument dafür zu unterbreiten, dass Licht als ein Strom von Teilchen betrachtet wird, bedeutete dies seiner Ansicht nach nicht, dass die Wellentheorie aufgegeben werden musste – sie hatte gut funktioniert und würde weiterhin nützlich sein.

Einstein beschrieb Licht als Energiepakete und schrieb: „Wenn sich ein Licht von einem Punkt aus ausbreitet, ist die Energie nicht kontinuierlich über einen zunehmenden Raum verteilt, sondern besteht aus einer endlichen Anzahl von Energiequanten, die an Orten im Raum lokalisiert sind und nur als komplette Einheiten hergestellt und absorbiert werden können." Einstein-Biograf Walter Isaacson beschrieb dies als den vielleicht revolutionärsten Satz, den Einstein jemals geschrieben hat.

Einsteins Ansatz war einfach, aber überzeugend. Er verglich die Formeln, die beschrieben, wie sich die Teilchen in einem Gas verhielten, wenn sie ihr Volumen änderten, mit jenen, die ähnliche Veränderungen beschrieben, wenn Strahlung sich durch den Raum ausbreitete. Er fand heraus, dass beide den gleichen Regeln folgten. Die mathematische Grundlage für das Verhalten des Gases war die gleiche wie für die Strahlung. Es gab Einstein auch eine Möglichkeit, die Energie eines Lichtquants einer bestimmten Frequenz zu berechnen. Seine Ergebnisse stimmten mit dem, was Planck herausgefunden hatte, überein.

Erklärung des fotoelektrischen Effekts

Als Nächstes zeigte Einstein, wie die Existenz von Lichtquanten den fotoelektrischen Effekt erklärt. Wie Planck gezeigt hatte, wurde die Energie eines Quants durch Multiplikation seiner Frequenz mit der Konstanten Plancks bestimmt. Wenn ein einzelnes Quantum seine gesamte Energie auf ein einzelnes Elektron überträgt, dann ist die Energie des emittierten Elektrons umso höher, je höher die Energie ist, die das Quantum besitzt.

Eine Erhöhung der Intensität des Lichts würde mehr Elektronen erzeugen, aber es würde ihre Energie nicht erhöhen. Dies entsprach den Beobachtungen des im Labor gemachten fotoelektrischen Effekts.

ALBERT EINSTEIN∗NOBELPREIS PHYSIK 1921

Lichtelektrischer Effekt

DEUTSCHE BUNDESPOST   1979

Quanten-Realität

Soweit es Planck betraf, war das Quantum wenig mehr als ein mathematischer Kniff, den er benutzte, damit die Gleichungen funktionierten. Für Einstein war es jedoch eine physikalische Realität, ein Bestandteil des Universums, wie es wirklich war. 1916 bestätigten Experimente, dass Einstein recht hatte und die Wissenschaft musste ihre Ideen über die Natur des Lichts überdenken.

Ein Quantum Merkwürdigkeit

Thomas Young demonstrierte, dass das Licht eine Welle ist, indem er zeigte, wie das Licht, das durch zwei nahe beieinander liegende Schlitze gelangte, Interferenzmuster erzeugte. Wenn man annimmt, dass Licht ein Strom von Teilchen ist, was würde passieren, wenn wir nur ein Quantum auf einmal zu den Schlitzen schicken würden? Man könnte sich vorstellen, dass die Interferenzmuster durch zwei helle Linien mit Schlitzen ersetzt würden. Aber wenn wir nur ein Photon pro Sekunde losschicken, bilden sich seltsamerweise immer noch die Interferenzmuster. Denken Sie mal darüber nach. Selbst wenn nachfolgende Photonen losgeschickt werden, nachdem die früheren Photonen auf den Bildschirm getroffen sind, „wissen" sie irgendwie, wohin sie gehen müssen, um das Interferenz-  muster aufzubauen! Wie funktioniert das? Wie der große Physiker Richard Feynman sagte: „... viele Menschen haben die Relativitätstheorie auf die eine oder andere Weise verstanden ... Andererseits kann ich mit Sicherheit sagen, dass niemand die Quantenmechanik versteht."

Während der nächsten 20 Jahre mühte sich Einstein ab, um das Paradoxon des doppelten Charakters des Lichtes zu lösen – ohne Erfolg. Selbst zum Ende seines Lebens hin schrieb Einstein 1951 in einem Brief an seinen Freund Michele Besso, dass 50 Jahre Nachdenken ihn nicht dabei weitergebracht hätten, eine Antwort auf die Frage, was Lichtquanten sind, zu finden. „Heutzutage denkt jeder Hinz und Kunz, dass er es weiß", schrieb Einstein, „aber er irrt sich … Niemand weiß wirklich genau, was Licht ist!"

Welle-Teilchen-Dualismus

Was immer offensichtlicher wurde, war, dass sowohl die Wellentheorie als auch die Partikeltheorie des Lichts korrekt ist. Ob Licht eine Welle oder ein Teilchen ist, hängt davon ab, wie man es betrachtet. Alles, was wir tun können, ist zu beschreiben, wie sich Licht unter verschiedenen Bedingungen verhält – manchmal verhält es sich wie eine Welle und manchmal verhält es sich wie ein Strom von Teilchen. Manchmal scheint es beides gleichzeitig zu sein. Wir haben kein einzelnes Modell, das Licht in all seinen Aspekten beschreiben kann. Es wäre leicht zu sagen, dass Licht einen „Welle-Teilchen-Dualismus" besitzt und es dabei zu belassen, aber was das eigentlich bedeutet, ist eine Frage, die niemand zufriedenstellend beantworten kann.

LICHT IST EINE Welle!

Kapitel 6

Wie hat Einstein die Existenz von Atomen und Molekülen bewiesen?

Zu Beginn des 20. Jahrhunderts stritten Wissenschaftler noch darüber, ob Atome tatsächlich existierten – Einstein zeigte anhand der Arbeit eines schottischen Botanikers, dass dies der Fall war.

Im Mai 1905 veröffentlichten die *Annalen der Physik* einen weiteren Artikel von Einstein. Das Thema diesmal: die kinetische Gastheorie – sie hat ihren Ursprung in der klassischen Physik, aber Einstein nutzte sie, um erstmals festzulegen, dass Atome und Moleküle eine physikalische Realität sind.

Welchen Weg gehen wir?

Zuvor haben wir Newtons Bewegungsgesetze betrachtet, die uns erlauben, den Weg einer Kometen fangenden Raumsonde oder den Flug eines Cricket-Balls in die Handschuhe des Torwächters zu berechnen. Wenn Sie nun wissen, wie sich ein Objekt bewegt, können Sie anhand der Newtonschen Gesetze herausfinden, wie es sich in der Vergangenheit bewegt hat und wie es sich in Zukunft bewegen wird.

Das Lustige an den Gesetzen der Bewegung ist, dass sie nicht zeitabhängig sind. Wenn man sich einen Film anschaut, in dem ein Komet durch den Weltraum fliegt, gibt es keine Möglichkeit, dass Newtons Gesetze Ihnen sagen können, in welche Richtung der Film läuft. Newtons Gesetze sind zeitlich umkehrbar, sie funktionieren also in beide Richtungen, egal ob man eine Vorwärtsbewegung in die Zukunft oder eine Rückwärtsbewegung in die Vergangenheit berechnet.

Natürlich sagen uns gesunder Menschenverstand und Erfahrung in den meisten Situationen, ob ein Ereignis in der Zeit vorwärts oder rückwärts stattfindet. Wenn ich Ihnen einen Film von einem zerbrochenen Ei zeigen würde, das sich wieder zusammensetzt und vom Boden in meine Hand aufsteigt, wüssten Sie sofort, dass ich den Film rückwärts laufen lasse. Newtons Gesetze sagen nicht, dass das unmöglich ist, aber ziemlich sicher, dass Sie es nie sehen werden, da es sehr, sehr unwahrscheinlich ist.

Das Reversibilitätsparadox

Nach der kinetischen Gastheorie ist Wärme ein Maß für die Bewegung von Atomen. Je aufgewirbelter die Atome sind, desto höher ist die Wärme. Ludwig Boltzmann benutzte die kinetische Theorie, um das sogenannte „Reversibilitätsparadox" in der Physik zu lösen. Dies ergibt sich aus dem zweiten Hauptsatz der Thermodynamik, der besagt, dass physikalische Systeme dazu neigen, ungeordneter zu werden, und der festlegt, dass die meisten natürlichen Prozesse irreversibel sind.

Das Universum scheint sich unaufhaltsam von einem Zustand geringer Entropie (Ordnung) zu einem Zustand hoher Entropie (Unordnung) zu entwickeln, was der zeitumkehrbaren Natur der Newton'schen Mechanik zu widersprechen scheint. Die Idee eines „Pfeils der Zeit", der von der Vergangenheit in die

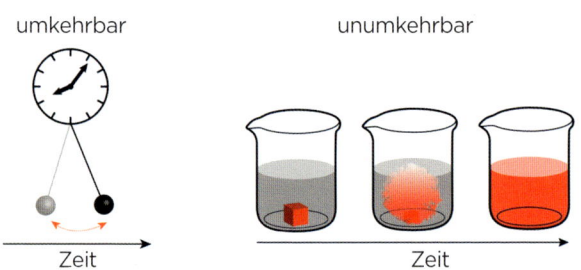

umkehrbar   unumkehrbar

Zeit   Zeit

Zukunft weist, wurde erstmals vom Astronomen Sir Arthur Eddington eingeführt. Er spielte eine wichtige Rolle in Einsteins Geschichte und wir werden später zu ihm zurückkehren.

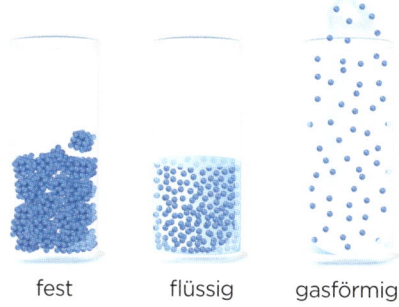

fest   flüssig   gasförmig

Boltzmann löste das Paradox, indem er feststellte, dass es im zweiten Gesetz um Wahrscheinlichkeiten ging. All die unzähligen Atome und Moleküle, aus denen ein zerbrochenes Ei oder irgendein anderes Objekt besteht, sind in ständiger zufälliger Bewegung. Es gibt eine verschwindend kleine, aber nicht unmögliche Chance, dass die Moleküle sich alle genau in die richtige Richtung bewegen, um das Ei wieder zusammenzusetzen. Aber dieses Ereignis ist so unwahrscheinlich, dass das Zerbrechen des Eies praktisch unausweichlich ist. Albert Einstein las Boltzmanns Gastheorie – er porträtierte ein Gas als eine Ansammlung zahlloser Moleküle, die zufällig herumhüpfen – und erklärte es als „absolut großartig". Zwischen 1902 und 1904 arbeitete Einstein auch am zweiten Hauptsatz der Thermodynamik und entwickelte eine „allgemeine molekulare Theorie der Wärme" mithilfe von Statistiken und Mechaniken, die „die Lücke schließen", wie er es nannte, und erweiterte Boltzmanns Arbeiten über Gase und andere Materialien.

$$N_A = 6{,}02 \times 10^{23}$$

Er präsentierte seine statistische Molekulartheorie für seine Dissertation an der Universität Zürich. In der Dissertation beschrieb Einstein eine neue theoretische Methode zur Bestimmung der Größe von Molekülen und zur Berechnung der Avogadro-Zahl, welche die Anzahl von Atomen oder Molekülen in einer bestimmten Menge einer Substanz darstellt. In einer separaten Arbeit, die im Mai 1905 veröffentlicht wurde, wandte er die Molekulartheorie der Wärme auf Flüssigkeiten an und löste schließlich das Rätsel der „Brownschen Bewegung" auf.

Die Brownsche Bewegung

Im Jahr 1827 bemerkte der schottische Botaniker Robert Brown, dass Blütenpollen, die im Wasser schwammen, sich zufällig bewegten und scheinbar von unsichtbaren Kräften verschlungen wurden.

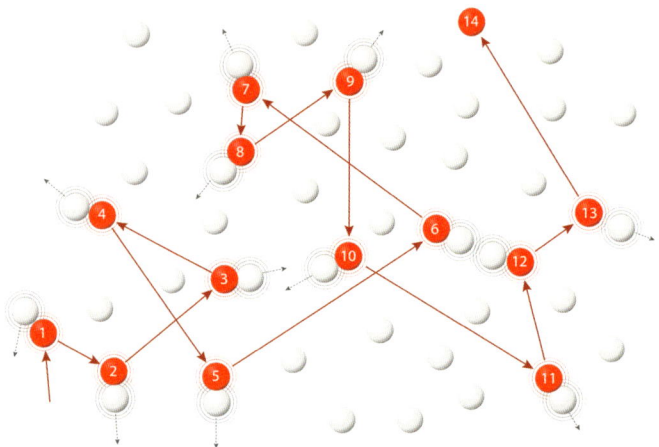

Auch andere Forscher hatten dieses seltsame Phänomen bemerkt, aber Brown war der Erste, der es studierte. Zunächst dachte Brown, es hätte etwas mit den Pollen zu tun, aber Experimente zeigten ihm, dass sich nicht nur Pollenkörner auf diese Weise bewegten. Alle Teilchen ähnlicher Größe – ob Steinsplitter oder Rauchpartikel – weisen die gleiche merkwürdige und nach Brown benannte Bewegung auf, wenn sie in einer Flüssigkeit liegen.

Einstein hat sich nicht speziell damit beschäftigt, die Brownsche Bewegung zu erklären. Er erwähnte sie nicht einmal im Titel seiner Arbeit und nannte sie „Über die von der molekularkinetischen Theorie der Wärme geforderte Bewegung von in ruhenden Flüssigkeiten suspendierten Teilchen". In seiner Abhandlung schrieb er: „Es ist möglich, dass die hier zu diskutierenden Bewegungen mit der sogenannten Brownschen Molekularbewegung identisch sind, aber die mir zur Verfügung stehenden Daten sind so ungenau, dass ich über die Frage kein Urteil abgeben konnte."

Einstein wollte Beweise für die Existenz von Atomen und Molekülen finden. Er wollte zeigen, wie die Aktionen von Molekülen sichtbar demonstriert werden können; die Brownsche Bewegung zu erklären war nur nebensächlich; er wusste nicht einmal, wie bekannt das Phänomen der Brownschen Bewegung war. Einstein argumentierte, dass Moleküle, wenn sie sich in einer Flüssigkeit zufällig bewegten, genau wie die Moleküle in einem Gas, hin und wieder gegen die winzigen Pollenkörner stoßen würden, um sie zu bewegen.

Einstein erklärte die Bewegung im Detail, indem er theoretisches Wissen und die Daten aus Experimenten verwendete, gepaart mit den statistischen Mitteln, die er in seiner früheren Dissertation angewandt hatte, um genau vorherzusagen, wie weit die Teilchen im Verlauf ihrer unregelmäßigen zufälligen Bewegungen wandern würden.

Als Einsteins Aufsatz über die Brownsche Bewegung 1905 erstmals erschien, diskutierten Wissenschaftler immer noch über die Existenz von Atomen und Molekülen. Einige Wissenschaftler wie der Physiker Ernst Mach (der der Schallgeschwindigkeit seinen Namen gab) und der physikalische Chemiker Wilhelm Ostwald gehörten zu denen, die sich gegen das Atom aussprachen. Sie vertraten die Ansicht, dass die Thermodynamik mit der Art und Weise zu tun hat, wie sich die Energie von einer Form zur anderen ändert, und dass es nicht nötig war, sie in Form von sich zufällig bewegenden Atomen zu erklären.

Mach hatte Einfluss auf Einsteins Denken auf andere Art. Er erklärte, dass es unmöglich sei, Newtons Konzepte von absoluter

Zeit und absolutem Raum zu definieren, und nannte es eine „konzeptuelle Monstrosität". Einstein sollte später all diese Ideen zum Sturz bringen. Innerhalb weniger Monate nach der Veröffentlichung von Einsteins Artikel wurden seine Vorhersagen durch Experimente bestätigt. Der französische Physiker Jean-Baptiste Perrin verwendete das neuartige Ultramikroskop, um Einsteins Ideen zu verifizieren, und erhielt dafür 1926 den Nobelpreis für Physik. Die Beweise, die Perrin fand, um Einsteins Theorie zu stützen, waren so überzeugend, dass die Realität von Atomen und Molekülen akzeptiert werden musste.

Der Physiker Max Born schrieb: „Ich denke, dass diese Untersuchungen von Einstein mehr als jedes andere Werk dazu beigetragen haben, die Physiker von der Realität von Atomen und Molekülen zu überzeugen." Es zeugt von Einsteins Genie, dass er zur gleichen Zeit, als er die Existenz von Atomen bewiesen hat, auch die Konsequenzen des Reisens mit Lichtgeschwindigkeit ausarbeitete. Nur wenige Tage nach der Veröffentlichung des Artikels über Molekularbewegung sagte er einem Freund, er werde „die Theorie von Raum und Zeit" ändern.

Kapitel 7

Was war Einsteins These der speziellen Relativitätstheorie?

Einstein zeigte, dass sich die Lichtgeschwindigkeit nicht veränderte und sich deshalb alles andere verändern musste.

Die Idee der Relativität in der Physik ist ziemlich einfach. Sie besagt, dass die Gesetze der Physik auf alle frei beweglichen Beobachter angewendet werden können, unabhängig von der Geschwindigkeit ihrer Bewegung. Einsteins These der speziellen Relativitätstheorie, die 1905 entwickelt wurde, war insofern speziell, als sie den besonderen Zustand von Objekten in gleichförmiger Bewegung betraf, die sich mit konstanter Geschwindigkeit und Richtung im Verhältnis zueinander bewegten.

Physiker nennen dies einen Trägheitsreferenzrahmen. Wie Newton in seinem ersten Bewegungsgesetz aufzeigt, ist ein Trägheitszustand der Standard für jedes Objekt, auf das keine Kraft einwirkt. Der Trägheitszustand ist die Standardeinstellung für jedes Objekt, das nicht von einer Kraft beeinflusst wird. Trägheitsbewegung ist einfach Bewegung mit einer gleichförmigen Geschwindigkeit in einer geraden Linie. Es sollte noch weitere zehn Jahre dauern, bis Einstein seine allgemeine Theorie formulierte, die auch Objekte in beschleunigter Bewegung umfasste.

Um etwas zu messen, sei es Zeit, Entfernung oder Masse, muss man es vergleichen. Ein Objekt ist nur schneller, größer oder schwerer im Verhältnis zu einem anderen. Wenn es nichts Vergleichbares gibt, ist es ziemlich bedeutungslos zu sagen: „Das große, schwere Was-auch-immer bewegt sich wirklich schnell!" Einer der Gründe, weshalb wir ein System von Gewichten und Maßen entwickelt haben, war, den Vergleich ähnlicher Objekte und Mengen zu ermöglichen, damit wir uns alle darauf einigen konnten, dass eine Sache größer oder schwerer als die andere war. Keine unserer Maßeinheiten sind absolut, sie müssen alle mit Bezug auf etwas anderes definiert werden.

Galileo Galilei

Bereits 1632 ging Galilei der Idee nach, dass alle Bewegung real ist und dass es nur Sinn ergibt, von Bewegung zu sprechen, wenn sie sich auf etwas anderes bezieht. In seinem *Dialogo sopra i due massimi sistemi del mondo* (Dialog über die zwei Hauptsysteme der Welt) wollte Galilei die Idee verteidigen, dass die Erde nicht regungslos im Zentrum des Universums sitzt. Wenn sich die Erde um die Sonne bewegen würde, wie Kopernikus es suggeriert hatte, dann würden wir es sicherlich spüren, wenn wir durch den Weltraum rauschten.

Galilei ging dieses Argument an, indem er sich die Situation einer Person in einer fensterlosen Kabine auf einem Schiff

vorstellte, das mit konstanter Geschwindigkeit auf einem perfekt glatten See fuhr. Er fragte, wie der Passagier feststellen kann, dass sich das Schiff bewegt, ohne an Deck zu gehen?

Wenn sich das Schiff weiterhin mit konstanter Geschwindigkeit bewegt, wird der Passagier dessen Bewegung nicht spüren. Genauso ist es heutzutage für einen Passagier, der mit einem ruhig laufenden Zug oder einem Flugzeug unterwegs ist. Ohne aus dem Fenster zu schauen, um die Welt vorbeiziehen zu sehen, ist es unmöglich zu sagen, dass man vorankommt. Galilei überlegte, ob es ein Experiment gäbe, das sowohl auf dem Schiff als auch auf dem Land durchgeführt werden könnte und jeweils ein anderes Resultat hätte – und somit einen Hinweis darauf gebe, dass das Schiff in Bewegung war. Galilei kam zu dem Schluss, dass dies unmöglich sei.

Jedes mechanische Experiment, das innerhalb des Schiffes durchgeführt werden würde, vorausgesetzt, es bewegte sich mit einer konstanten Geschwindigkeit in einer konstanten Richtung, würde genau dieselben Ergebnisse liefern wie ein ähnliches Experiment, das an Land durchgeführt werden würde. Aus

diesen Beobachtungen ergibt sich Galileis Relativitätstheorie: Zwei Beobachter, die sich mit konstanter Geschwindigkeit und Richtung zueinander bewegen, erhalten für alle mechanischen Experimente die gleichen Ergebnisse.

Bezugsrahmen

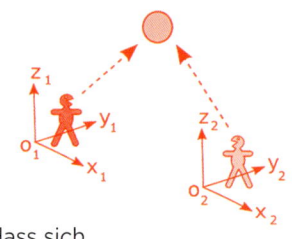

Eine wichtige Konsequenz daraus ist, dass Geschwindigkeit nur mit Bezug auf etwas anderes gemessen werden kann und dass die Messung, die wir erhalten, sich ändert, wenn wir die Geschwindigkeit von einem anderen Bezugspunkt aus messen. Zu sagen, dass sich etwas bewegt, hat nur Bedeutung, wenn man sagen kann, worauf es Bezug nimmt. Wenn zwei Personen einander in einem Zug gegenübersitzen und einer dem anderen eine Orange zuwirft, bewegt sie sich mit ein paar Stundenkilometern durch die Luft, aber jemand, der an der Seite der Gleise steht, sieht Orange, Zug und Passagiere mit hundert Kilometern pro Stunde an sich vorbeirasen. Die Geschwindigkeit, die Sie an einem Objekt in Bewegung wahrnehmen, hängt davon ab, wie schnell Sie sich selbst im Verhältnis zu diesem Objekt bewegen.

Die Idee, dass Bewegung ohne Bezugsrahmen keine Bedeutung hat, ist grundlegend für Einsteins Relativitätstheorien. Vor Einstein wurde geglaubt, dass es so etwas wie absolute Bewegung gäbe, was bedeutet, dass sich ein Objekt bewegt, ohne sich auf etwas anderes zu beziehen. Diese Idee setzte voraus, dass es auch einen Zustand absoluter Ruhe im Raum geben muss (entweder bewegt sich etwas oder nicht). Diese Ideen wurden von Newton formuliert, der schrieb: „Absolute Bewegung ist die Übertragung eines Körpers von einem absoluten Ort nach einem anderen absoluten Ort; die relative Bewegung ist die Übersetzung von einem relativen Ort nach einem anderen relativen Ort."

Einsteins Theorie der speziellen Relativitätstheorie hat diese Vorstellung absoluter Ruhe und absoluter Bewegung aufgehoben. Bei einer, nicht belegten, Gelegenheit fragte Einstein angeblich einen verwirrten Kontrolleur: „Hält Oxford an diesem Zug?"

Einführung der speziellen Relativitätstheorie

Einsteins dritte Arbeit von 1905 hieß „Über die Elektrodynamik bewegter Körper". Diese zeigt ein sehr einfaches Beispiel, das

Michael Faraday und die anderen viktorianischen Erforscher des Elektromagnetismus sehr wohl bekannt ist: Ein elektrischer Strom wird erzeugt, wenn ein Magnet in einer Drahtspule bewegt wird, und der gleiche Strom wird erzeugt, wenn der Magnet fest bleibt und sich die Spule bewegt. Einstein war mit Elektrizität sehr vertraut – er half oft seinem Onkel Jakob, seines Zeichens Ingenieur, der den jungen Einstein mittels der Spulen und Magnete in einem Generator in die Freuden der Algebra einführte. Einsteins Arbeit im Patentamt bedeutete auch, dass er regelmäßig eine Vielzahl von elektromechanischen Geräten untersuchte.

Seit Faraday war angenommen worden, dass es zwei verschiedene Erklärungen gab – eine für den beweglichen Magneten, die einen Strom erzeugt, und eine andere für die bewegliche Spule, die den Strom erzeugt. Aber Einstein hielt nichts davon und meinte, es sei egal, was sich bewegte, es wäre ihre relative Bewegung zueinander, die den Strom erzeuge. Er sagte: „Die Vorstellung, dass diese beiden Fälle im Wesentlichen anders sein sollten, war für mich unerträglich."

Die Unterscheidung zwischen beweglichem Magneten und beweglicher Spule hing von der Ansicht ab, die immer noch von den meisten Wissenschaftlern behauptet wurde, dass es einen Zustand absoluter Ruhe in Bezug auf den Äther gab – jene mythische und geheimnisvolle Substanz, für die Michelson und Morley keinen Beweis gefunden hatten. Das Beispiel des Magneten und der Spule, in Kombination mit den Beobachtungen, die über die Natur des Lichts gemacht worden waren, führte Einstein zu dem Schluss, dass die Idee der absoluten Ruhe fehlerhaft und unnötig sei.

In einem beiläufigen Satz verwarf er die Idee des Äthers: „Die Einführung des Lichtäthers wird sich als überflüssig erweisen ... die hier entwickelte Ansicht wird keinen absolut ruhenden Raum schaffen." Er legte sein „Prinzip der Relativität" dar:

„Die gleichen Gesetze der Elektrodynamik und Optik gelten für alle Bezugssysteme, für die die Gesetze der Mechanik gelten." In anderen Worten: Die Gesetze der Physik sind in allen Trägheitsrahmen gleich. Egal, ob Sie schnell oder langsam unterwegs sind, in die eine oder andere Richtung, vorwärts oder rückwärts, die Gesetze bleiben gleich, was bedeutet, dass jedes durchgeführte Experiment zu Ergebnissen führen wird, die den Gesetzen entsprechen. Und genau das sagte Galilei bereits 1632. Er und Einstein waren sich einig, dass kein Experiment die Bewegung des Beobachters in einem Trägheitsrahmen bestimmen kann.

Es ist wichtig zu beachten, dass die spezielle Relativitätstheorie nur für Objekte gilt, die sich in einem Inertialsystem bewegen. Sobald das Objekt die Richtung ändert, beschleunigt oder verlangsamt wird, kann festgestellt werden, dass es in Bewegung ist. Wir fühlen es, wenn ein Auto beschleunigt oder ein Flugzeug seinen Sinkflug beginnt. Es ist nicht notwendig zu sagen, dass ein Objekt im Hinblick auf etwas anderes beschleunigt wird.

Die Beständigkeit des Lichts

Sobald Einstein sein Relativitätsprinzip angenommen hatte, erkannte er, dass es unmöglich war, dass beide, Newton und Maxwell, recht hatten. Einstein ergriff für sich für Maxwell Partei und nahm die Herausforderung von 200 Jahren Newtonscher Physik an.

Einstein stellte die Frage: Verhält sich Licht genauso wie alles andere? Ist die Lichtgeschwindigkeit auch von der Bewegung des Beobachters abhängig? Dies brachte Einstein zu dem zweiten Postulat, dem Lichtpostulat, auf das er seine Theorie gründete: dass die Lichtgeschwindigkeit konstant ist. Manche Dinge mögen real sein, aber die Lichtgeschwindigkeit ist absolut. Licht, sagte Einstein, reise immer mit einer konstanten Geschwindigkeit, die unabhängig von der Geschwindigkeit des Licht ausstrahlenden Objekts war. Dies ergab wenig Sinn im Newtonschen Sinne, in dem Geschwindigkeiten addiert wurden.

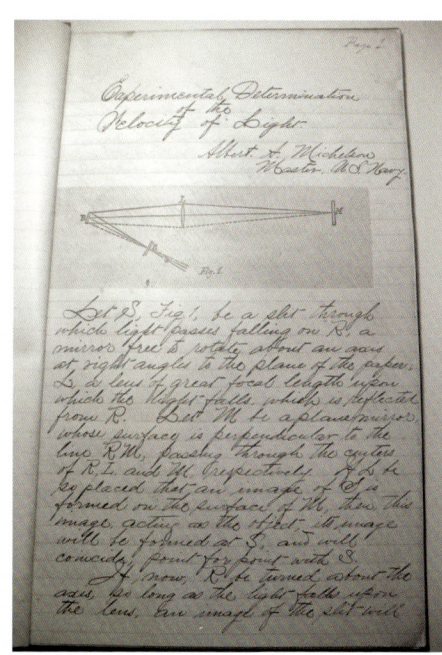

Zum Beispiel kann ein schneller Werfer einen Cricket-Ball schneller werfen, indem er die Geschwindigkeit seines Laufs zu der Geschwindigkeit addiert, mit der der Ball von seiner Hand gelöst wird.

Aber ein Lichtstrahl, der von einem sich schnell bewegenden Flugzeug projiziert wird, würde immer noch mit der gleichen Geschwindigkeit reisen wie einer, der von einer (relativ) stationären Bergspitze darunter projiziert wird.

Das hatten Michelson und Morley herausgefunden, als sie entdeckten, dass die Lichtgeschwindigkeit immer gleich war, egal wie sie gemessen wurde. Seltsamerweise erwähnt Einstein Michelson und Morley nicht. Er behauptete sogar einmal, dass er 1905 noch nicht einmal von ihrem Experiment gehört hatte, obwohl er sich in späteren Jahren oft widersprach. So wandte sich Einstein am 15. Januar 1931 bei einem Abendessen am California Institute of Technology das erste und letzte Mal öffentlich an Michelson, welcher ein paar Monate später starb:

> *„Ich bin unter Menschen gekommen, die seit vielen Jahren treue Kameraden bei meiner Arbeit sind. Sie, mein verehrter Dr. Michelson, begannen mit dieser Arbeit, als ich noch ein kleiner Junge war, kaum drei Fuß hoch. Sie waren es, der den Physikern neue Wege geebnet und durch Ihre wunderbare experimentelle Arbeit den Weg für die Entwicklung der Relativitätstheorie bereitet hat."*

Die Idee, dass nichts im Universum schneller als das Licht reisen kann, ist von zentraler Bedeutung für Einsteins spezielle Relativitätstheorie. Aber warum bewegt sich das Licht immer mit 300 000 Kilometern pro Sekunde (km/s) durch ein Vakuum? Warum nicht schneller oder langsamer?

Einfach ausgedrückt, weil dies die Antwort ist, die wir bekommen, wenn wir Maxwells Gleichungen lösen. In den Maxwellschen Gleichungen ist die Geschwindigkeit der elektromagnetischen Wellen eine Konstante, die durch die Eigenschaften des Vakuums des Raumes definiert wird, durch den sich die Wellen bewegen. Sie wird nicht im Bezug auf etwas anderes gemessen, wie es bei jeder anderen Geschwindigkeit der Fall wäre. Die Natur des Universums und das Verhalten von elektrischen und magnetischen Feldern bestimmen, wie schnell das Licht sein muss. Weil Maxwells Gleichungen, die die Lichtgeschwindigkeit bestimmen, in jedem Trägheitsrahmen wahr sind, werden zwei Beobachter, die sich relativ zueinander bewegen und jeweils die Geschwindigkeit eines Lichtstrahls relativ zu sich selbst messen, beide die gleiche Antwort erhalten – selbst wenn einer sich in die gleiche Richtung wie der Lichtstrahl und der andere davon weg bewegt. Alles andere in der speziellen Relativitätstheorie ergibt sich aus dieser einen einfachen Tatsache. Die Konstanz der Lichtgeschwindigkeit erzeugt viele scheinbare Paradoxe, die unseren Begriff von Raum und Zeit auf den Kopf stellen, und wir werden uns im Folgenden einige von ihnen anschauen.

Kapitel 8

Was war Einsteins Idee von der Zeit?

Die Folgen der speziellen Relativitätstheorie haben unsere Zeitvorstellung auf den Kopf gestellt.

In einem Vortrag erläuterte Einstein 1922 einige der Schwierigkeiten, die er bei der Erklärung, warum die Lichtgeschwindigkeit für alle Beobachter gleich war, hatte: „Meine Lösung war wirklich auf das Konzept der Zeit ausgelegt, das heißt, die Zeit ist nicht absolut eindeutig, aber es gibt eine untrennbare Verbindung zwischen der Zeit und der Signalgeschwindigkeit (des Lichts). Mit dieser Konzeption konnte das vorhergehende außergewöhnliche Problem gründlich gelöst werden. Fünf Wochen nach meiner Anerkennung wurde die gegenwärtige Theorie der speziellen Relativität vervollständigt."

Stellen Sie sich vor, Sie befinden sich in einer Raumstation und feuern einen Laser-Signalgeber an ein Raumschiff ab, das mit halber Lichtgeschwindigkeit, etwa 150 000 km/s, von Ihnen wegfährt. Der gesunde Menschenverstand würde Ihnen sagen, dass das Laserlicht das Raumfahrzeug mit halber Lichtgeschwindigkeit erreichen sollte, weil es das Raumfahrzeug einholen muss, aber der gesunde Menschenverstand ist falsch. Der Strahl wird immer noch mit etwa 300 000 km/s auf dem Raumfahrzeug ankommen. Wenn Sie sich an Ihre Physikstunde

erinnern, entspricht die Geschwindigkeit der zurückgeleg-
ten Entfernung, dividiert durch
die Zeit, die benötigt wird, um
dorthin zu gelangen. Als Gleichung sieht das Ganze so aus:

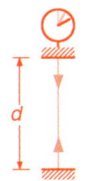 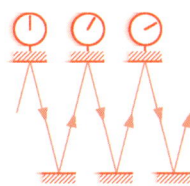

v = d/t

Es ist mit anderen Worten ein
Maß für den Raum, geteilt durch die Zeit. Es scheint also so zu
sein, dass wir als Ausgleich dafür, dass die Lichtgeschwindigkeit
für alle Beobachter immer gleich bleibt (das heißt, dass wir
immer die gleiche Antwort für *v* erhalten), etwas mit *d* und *t*
zurechtbasteln müssen. Wenn die Lichtgeschwindigkeit unver-
änderbar ist, müssen sich Zeit und Raum ändern.

Absolute Zeit

„Zeit existiert an und
für sich und fließt
gleichmäßig ohne Be-
zug auf etwas Äuße-
res", schrieb Isaac
Newton.

Zu Newtons Leb-
zeiten verging die
Zeit immer mit dem
gleichen Tempo, wo
auch immer sie ge-
messen wurde. Wenn unsere Zeitmesser genau sind, dann sind
fünf Sekunden für mich auch fünf Sekunden für Sie. Außer sie
gehen ungenau. Gehen wir für einen Moment zurück zur Raumstation und zum Lasersignalgeber. Damit Sie auf der Raumstation und der Pilot im Raumschiff sich über die Geschwindigkeit
einigen können, muss die Geschwindigkeit des Strahls der
Raumstation mit der Zeit übereinstimmen, die er braucht, um
zum Raumfahrzeug zu gelangen. Da die Geschwindigkeit des
Lichts für den Piloten des Raumfahrzeugs immer gleich ist,
müssen die Uhren des Raumschiffs langsamer laufen, um
dasselbe Ergebnis zu erreichen.

Das Zwillingsparadoxon

Stellen Sie sich vor, der Pilot des schnell abfliegenden Raumschiffs, das jetzt auf 0,99 % der Lichtgeschwindigkeit beschleunigt, ist Ihr Zwilling, der sich auf eine Erkundungsreise durch den Weltraum begibt, die ein Jahr dauert. Wenn Ihr Zwilling zurückkehrt, wird er oder sie wie erwartet ein Jahr älter sein. Aber wie viel älter werden Sie sein?

Wenn Sie den Fortschritt des Raumschiffs verfolgen, werden Sie etwas Merkwürdiges bemerken. Die Uhren an Bord des Raumschiffes ticken langsamer als die Uhren an Bord der Raumstation (oder vielleicht ist es so, dass Ihre Uhren schneller laufen, relativ gesehen). Das Ergebnis ist, dass zu dem Zeitpunkt, zu dem das Raumschiff Ihres Zwillings zur Raumstation zurückkehrt, sieben Jahre für Sie vergangen sind. (Die tatsächliche Zeit hängt davon ab, wie nahe die Lichtgeschwindigkeit an der des Raumschiffs ist – bei halber Lichtgeschwindigkeit würde eine Stunde auf dem Raumschiff 69 Minuten auf der Raumstation entsprechen; sehr nahe an der Lichtgeschwindigkeit könnte die Differenz in Tausenden oder sogar Millionen von Jahren gemessen werden.) Sie haben nun einen Zwilling, der sechs Jahre jünger ist als Sie. Das ist allerdings nicht das Paradox.

Vergegenwärtigen wir uns, dass Einstein sagte, dass alle Bewegung relativ ist. In seinem ersten Beispiel war es egal, ob sich die Spule oder der Magnet bewegte, um Strom zu erzeugen; so oder so, sie bewegten sich relativ zueinander. Aus demselben Grund kann Ihr Zwilling an Bord des Raumschiffs auf die Raumstation zurückblicken, wenn sie sich weit entfernt, und sagen, dass Sie es sind, der sich mit Lichtgeschwindigkeit zurückzieht. In diesem Fall wird Ihr Zwilling Ihre Uhren langsamer laufen sehen! Also, wer von Ihnen altert langsamer? Beide? Oder keiner?

Sie denken vielleicht, dass alles ausgeglichen ist und Sie immer noch das gleiche Alter haben, wenn Sie wieder vereint sind. Das ist eine berechtigte Annahme, aber sie ist falsch.

Der Raumschiff-Zwilling wird wirklich weniger alt sein. Der Physiker Herbert Dingle schrieb in den 1960er-Jahren, dass das Zwillingsparadoxon eine Inkonsistenz in der speziellen Relativitätstheorie offenbart, aber es herrscht Uneinigkeit darüber, ob die Lösung in der speziellen Relativitätstheorie oder nur in der allgemeinen Relativitätstheorie gefunden werden kann. Einstein selbst sagte, dass die Lösung des Paradoxons die allgemeine Relativitätstheorie erfordert. In diesem Fall werden wir später zur Lösung zurückkehren.

Schneller und langsamer

Je schneller Sie durch den Raum reisen, desto langsamer bewegen Sie sich nach der speziellen Relativitätstheorie durch die Zeit. Wenn Sie sich der Lichtgeschwindigkeit nähern, verlängern sich die Intervalle zwischen den Ereignissen und die Zeit scheint sich zu verlangsamen.

Dieses Phänomen wird Zeitdilatation genannt und es passiert tatsächlich, es ist nicht nur eine Frage von unterschiedlichen Beobachtern, die eine andere Wahrnehmung haben. Wenn ein Objekt die Lichtgeschwindigkeit erreichen könnte, würde die Zeit scheinbar ganz aufhören. In Experimenten, wie sie in einem Teilchenbeschleuniger am Europäischen Kernforschungszentrum CERN durchgeführt werden, bei denen atomare Teilchen in signifikante Bruchteile der Lichtgeschwindigkeit zertrümmert werden, müssen die Auswirkungen der Zeitdilatation berücksichtigt werden, wenn die Ergebnisse irgendwelchen Sinn ergeben sollen.

Die Natur der Zeit

Zeit vergeht. Die Zeit kann lang oder kurz sein; die Zeit kann sich ziehen oder verfliegen; wir nehmen uns Zeit und wir versuchen Zeit zu gewinnen. Wir haben Zeit und wir fragen uns, wo die Zeit hin ist. Niemand weiß wirklich, wie spät es ist. Im Jahr 1905 argumentierte der französische Physiker Henri Poincaré, dass Zeit etwas ist, das wir zu unserer Bequemlichkeit erfunden haben, und nicht ein Merkmal der Realität. Er erklärte, dass es keine Tests gebe, die uns etwas über die Natur der Zeit erzählen würden, und dass wir einfach jedes Zeitkonzept annehmen sollten, das für die einfachsten Gesetze der Physik steht.

Wir könnten Zeit als die Sache betrachten, die ein Ereignis von einem anderen trennt, die uns sagen kann, wie lange ein Ereignis dauerte und welches Ereignis zuerst kam. Zum Beispiel braucht ein Top-Sprinter zehn Sekunden, um in einem 100-Meter-Rennen von den Startblöcken zur Ziellinie zu gelangen. Wir können die Zeit in Sekundenbruchteilen messen, um zu wissen, wer gewonnen hat und ob es eine Rekordzeit war. Aber was ist eine Sekunde? Wir können sie in Bezug auf die Schwingungen eines Atoms definieren, aber jede Schwingung ist wiederum ein anderes Ereignis in der Zeit. Wir sind nicht näher daran zu verstehen, wie spät es ist. Wenn überhaupt nichts passierte, wenn überhaupt keine Ereignisse eintreten würden, würde die Zeit trotzdem „gleichmäßig fließen"? Vielleicht ist die Zeit nur etwas, das passiert. Und, wie Einstein zeigte, können Dinge mit unterschiedlicher Geschwindigkeit passieren.

Das Ende der Gleichzeitigkeit

Es gab einen Effekt der speziellen Relativitätstheorie, den Einstein für besonders wichtig hielt. Dies ist die Relativität der Gleichzeitigkeit. Zwei Ereignisse, die einem Beobachter gleichzeitig erscheinen, scheinen einem Zweiten, der sich relativ zum Ersten bewegt, nicht so vorzukommen. Außerdem gibt es nach Einstein keinen Weg, nun zu sagen, dass ein Beobachter richtig und der andere falsch liegt. Sie haben in der Tat beide recht!

Einstein erklärte das Rätsel als ein Experiment. Stellen Sie sich vor, Sie beobachten ein Gewitter und plötzlich werden zwei Gebäude, von denen Sie wissen, dass sie gleich weit von Ihnen entfernt sind, vom Blitz getroffen. Sie würden sagen, dass die beiden gleichzeitig getroffen worden sind. Nun nehmen Sie an, ein Bus fährt vorbei. Wenn die Blitze auftreten, während ein Passagier im Bus auf gleicher Höhe mit Ihnen ist, wird er ohne Zweifel zustimmen, dass die beiden Blitzeinschläge gleichzeitig stattgefunden haben.

Stellen Sie sich nun vor, dass der Bus in Richtung eines Gebäudes und von dem anderen weg fährt. In diesem Fall wird das Licht vom Blitzschlag des zweiten Gebäudes länger brauchen, um den Passagier zu erreichen, als das Licht von dem, auf das er sich zu bewegt. Er wird dann die beiden Blitze nicht gleichzeitig sehen. Wie wir gesehen haben, besagt das Relativitätsprinzip, dass es keinen Grund gibt, darauf zu bestehen, dass Sie in Ruhestellung sind und der Passagier im Bus in Bewegung ist. Sie bewegen sich einfach relativ zueinander. Es gibt daher keine „richtige" Antwort darauf, ob die Blitze gleichzeitig stattgefunden haben oder nicht.

Das Ende der Gleichzeitigkeit ist ein weiterer Nagel am Sarg der absoluten Zeit. Zwei Beobachter in relativer Bewegung werden Uhren haben, die unterschiedlich schnell ticken; der Effekt wird deutlicher, nähert man sich der Lichtgeschwindigkeit, aber er besteht, wenn auch winzig klein, ebenso bei niedrigen relativen Geschwindigkeiten. Die Zeit läuft für alle bewegten Bezugsrahmen unterschiedlich ab. Der Physiker Werner Heisenberg drückte es so aus: „Dies war eine Veränderung der Grundlagen der Physik, eine unerwartete und sehr radikale Veränderung, die den ganzen Mut eines jungen und revolutionären Genies erforderte."

Kapitel 9

Wie hat Einstein die Lorentz-Fitzgerald-Kontraktion erklärt?

Es reichte Einstein nicht, die Zeit für seine Theorie zu verbiegen, er schrumpfte außerdem das All.

Eine weitere der seltsamen Folgen der Lichtgeschwindigkeit, die für alle Beobachter konstant bleibt, ist, dass ein sich bewegendes Objekt entlang der Bewegungsrichtung zu schrumpfen scheint. Bei Lichtgeschwindigkeit würde die Länge des Objektes null sein. Dieses Phänomen wird Lorentz-Fitzgerald-Kontraktion genannt, nach den beiden Physikern, die es 1889 als eine Lösung für das Scheitern des Michelson-Morley-Experiments vorschlugen. Es war Einstein, der zeigte, dass das Phänomen zwar real war, aber eine Konsequenz der Eigenschaften von Raum und Zeit und nicht eine tatsächliche physische Komprimierung.

Folge einfach dem hüpfenden Strahl

Weil die Zeit langsamer wird, je schneller wir gehen, folgt daraus, dass wir auch körperlich schrumpfen. Um zu sehen, wie das funktioniert, stellen Sie sich vor, dass ein Raumschiff an jedem Ende einen Spiegel hat und dass ein Lichtpuls zwischen den beiden Spiegeln reflektiert wird. Was passiert mit dem hüpfenden Strahl, wenn sich das Raumfahrzeug der Lichtgeschwindigkeit nähert? Bei einem 150 Meter langen, stillstehenden Raumschiff dauert die Rückreise des Lichtstrahls etwa eine millionstel Sekunde. Bei 99,5 % der Lichtgeschwindigkeit wird die Zeit jedoch um den Faktor 10 verlangsamt, was bedeutet, dass die von einem Beobachter gemessene Hin- und Rückwegzeit nun eine hunderttausendstel Sekunde beträgt. Das Problem ist, dass der Puls von hinten nach vorne länger braucht, um dorthin zu gelangen, weil der Spiegel sich mit  nahezu Lichtgeschwindigkeit zurückzieht.

Die Dauer der Rückreise ist viel kürzer, da der Rückspiegel auf den Lichtstrahl zueilt. Aber egal, ob es sich um einen Rückfahrspiegel oder einen vorrückenden Spiegel handelt, der Lichtstrahl erreicht ihn immer mit der gleichen Geschwindigkeit, etwa 300 000 km/s, weil sich die Lichtgeschwindigkeit nicht ändert. Einstein stellte sich die Frage: Wenn ich mit Lichtgeschwindigkeit fliegen und einen Spiegel vor mich halten könnte, würde ich mein Spiegelbild sehen? Wie würde das Licht den Spiegel erreichen, wenn es sich mit Lichtgeschwindigkeit zurückzieht? Es waren Gedankenexperimente wie dieses, die die Grundlagen der speziellen Relativitätstheorie bildeten. Die Antwort ist, dass er sein Spiegelbild sehen würde, denn egal wie nahe er der Lichtgeschwindigkeit ist, das Licht, das von ihm zum Spiegel und wieder zurückfällt, wird immer mit denselben 300 000 km/s reisen.

Um Bilanz zu ziehen und sicherzustellen, dass die Lichtgeschwindigkeit immer gleich gemessen wird, muss nicht nur die Zeit verlangsamt werden, sondern auch die vom Lichtstrahl zurückgelegte Entfernung. Bei ungefähr 99,5 % Lichtgeschwindigkeit wird der Abstand um den Faktor 10 verringert – derselbe

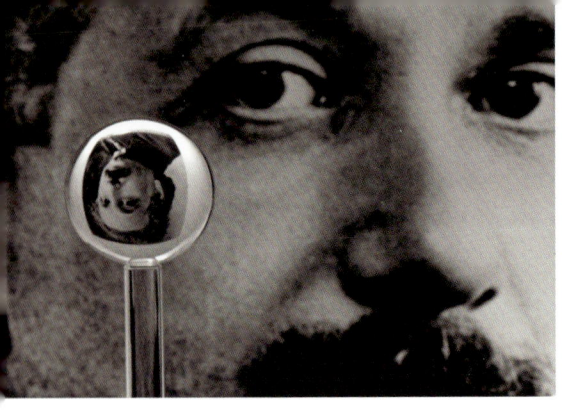

Anteil wie der Zeit-
dilatationseffekt.

Das Raumschiff
und seine Besat-
zung schrumpfen
nicht in der Größe.
Das Objekt in Be-
wegung wird nur in
seiner Bewegungs-
richtung gekürzt;
jene Dimensionen,
die senkrecht zu ihrer Bewegung sind, bleiben gleich. Das Ergebnis ist, dass das Objekt für einen Beobachter, der sich in
Bezug auf das sich bewegende Objekt in Ruhestellung befindet,
aus seiner ruhenden Form verzerrt wird.

Die Längenänderung ist für die Besatzung des Raumschiffes
nicht ersichtlich. Die Verzerrung ist nur für einen Beobachter
erkennbar, der im Vergleich zum Schiff relativ ruhig ist. Aus der
Perspektive der Schiffsbesatzung scheinen Sie, der Beobachter,
sich zusammengezogen zu haben, denn relativ gesehen sind
Sie es, der an ihnen vorbeizieht.

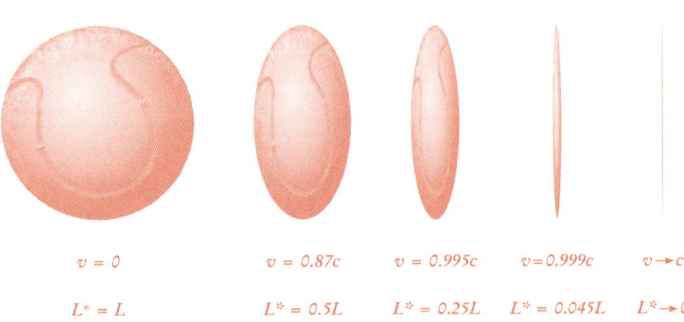

| $v = 0$ | $v = 0.87c$ | $v = 0.995c$ | $v = 0.999c$ | $v \rightarrow c$ |
| $L^* = L$ | $L^* = 0.5L$ | $L^* = 0.25L$ | $L^* = 0.045L$ | $L^* \rightarrow 0$ |

Mutig vorgehen ...

Wie der verstorbene Douglas Adams so einprägsam sagte:
„Der Raum ist groß. Wirklich groß. Man wird einfach nicht glauben, wie unglaublich gewaltig er ist." Selbst Licht, das Schnellste im Universum, braucht über vier Jahre, um die Entfernung

zwischen der Sonne und dem nächsten Stern zu überwinden. Sollte es jemals technisch möglich sein, diese Geschwindigkeit zu erreichen, würde die Reise zu den Sternen für diese schnell-lebigen Pioniere viel weniger Zeit in Anspruch nehmen. Wie ist das möglich? Es ist eine weitere Folge der Entfernung, die bei hohen Geschwindigkeiten schrumpft. Stellen Sie sich vor, das Raumschiff, das sich mit Lichtgeschwindigkeit bewegt, reist entlang einer Schiene, die von Stern zu Stern verläuft.

Je schneller das Schiff reiste, desto kürzer würde die Schiene scheinbar werden, und dementsprechend die Entfernung kür-zer, die es zurücklegen muss, um sein stellares Ziel zu erreichen. Bei 99,5 % der Lichtgeschwindigkeit würde die Reise zum nächsten Stern etwa fünf Monate statt vier Jahre dauern. Je näher das Schiff an die Lichtgeschwindigkeit käme, desto kür-zer würde die Reisezeit. Das hat natürlich auch eine Kehrseite. Die Uhren des Raumschiffs, Sie werden sich erinnern, ticken zehnmal langsamer als die relativ bewegungslosen Uhren Ihrer Freunde und Verwandten auf der Erde. Obwohl nach der Schiffszeit nur fünf Monate vergehen werden, wird es nach der Erdzeit noch vier Jahre dauern, um die Reise zu beenden. Je schneller das Schiff fährt, desto extremer wird die Diskrepanz zwischen Schiffszeit und Erdzeit.

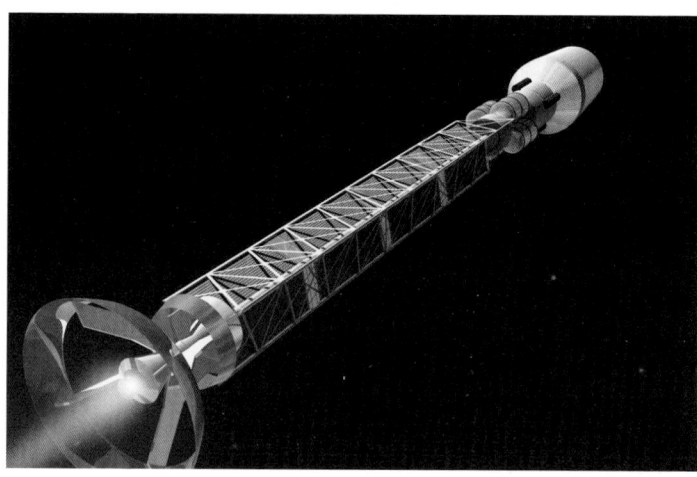

Ankommen in kürzester Zeit

Nichts kann mit Lichtgeschwindigkeit reisen – außer Licht natürlich. Was wäre also eine Reise durch den Weltraum für ein Photon, ein einzelnes Lichtquantum? Entfernungen würden auf null schrumpfen und die Uhr des Photons würde aufhören zu ticken. Für das Photon gibt es keine Entfernung und keine Zeit; eine Reise von einer Seite des Universums zur anderen ist in kürzester Zeit vollbracht, denn für das Photon ist das gesamte Universum auf null zusammengezogen.

Das Photon wird effektiv emittiert und sofort absorbiert. Aus der Perspektive des Photons ist es so, als ob das Photon niemals existiert hätte, denn was kann schon in null Zeit existieren? Was das alles bedeutet, geht weit über das menschliche Verständnis hinaus, aber wie Einstein selbst sagte:

„Das Schönste, was wir erleben können, ist das Geheimnisvolle. Es ist das Grundgefühl, das an der Wiege von wahrer Kunst und Wissenschaft steht. Wer es nicht kennt und sich nicht mehr wundern kann, der ist sozusagen tot und sein Auge erloschen."

Kapitel 10

Was ist Raumzeit?

Einstein zeigte, dass zwar Raum und Zeit verändert werden konnten, aber das neue Konzept der Raumzeit absolut war.

„Fortan sind der Raum und die Zeit für sich selbst dazu verdammt, in bloße Schatten zu verfallen, und nur eine Art Vereinigung der beiden wird eine unabhängige Realität bewahren.“

So der deutsche Mathematiker Hermann Minkowski (1864–1909), ein Jahr, nachdem Einstein seine spezielle Relativitätstheorie veröffentlicht hatte.

Einstein argumentierte, dass die absolute Zeit und der absolute Raum überholt wären und durch die absolute Raumzeit ersetzt werden könnten. Die mathematische Realität der Relativitätstheorie zeigt, dass Raum und Zeit untrennbar miteinander verbunden sind und beide, wie wir gesehen haben, sich verändern, wenn wir uns der Lichtgeschwindigkeit annähern. Nur wenn Raum und Zeit zusammen betrachtet werden, können wir eine genaue Beschreibung dessen liefern, was bei Lichtgeschwindigkeit beobachtet wird.

„Der gewöhnliche Erwachsene denkt niemals an ein Raumzeit-problem ... Ich habe mich im Gegensatz dazu so langsam ent-wickelt, dass ich nicht über Raum und Zeit nachgedacht habe, bevor ich erwachsen war. Ich habe mich dann tiefer mit dem Problem beschäftigt, als es jeder andere Erwachsene oder jedes andere Kind je getan hätte."

Einstein schrieb dies an den Nobelpreisträger James Franck. Einstein glaubte, dass es in der Regel Kinder waren, nicht Erwachsene, die über Raumzeitprobleme nachdachten.

Das Blockuniversum

Um einen Weg durch die Raumzeit sichtbar zu machen, verwenden Physiker ein Konzept, das Blockuniversum genannt wird. Stellen Sie sich das Universum als eine riesige, rechteckige Box vor. Versuchen Sie sich nun eine vierdimensionale Box vorzustellen, indem Sie die Zeit als vierte Dimension hinzufügen. Gar nicht so einfach, oder? Es ist leichter, das Bild zu vereinfachen, indem Sie den Raum in zwei Dimensionen absenken und die dritte räumliche Dimension für die Zeit von links nach rechts vertauschen. Wenn wir einen Schnitt durch die Box machen, erhalten wir eine Momentaufnahme des Blockuniversums. Jedes Ereignis an jedem Ort in unserem flachen Universum kann auf der Box abgebildet werden, seine Koordinaten zeigen uns, wo es passiert ist und wann es passiert ist. Tatsächlich kartiert das

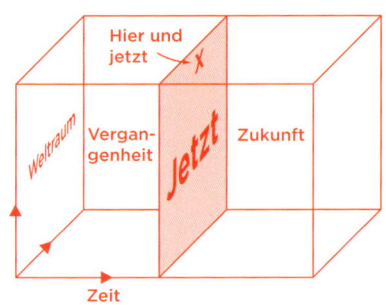

Raumzeit-Blockuniversum alle Ereignisse der Vergangenheit, Gegenwart und Zukunft.

Wie fließt die Zeit durch das Blockuniversum von der Gegenwart in die Vergangenheit? Eine Ansicht ist, dass das „Jetzt" die Schicht ist, die in diesem Moment aufgenommen wird. Die Zeit „fließt" in einer Reihe von winzig kleinen Sprüngen von Scheibe zu Scheibe, wobei jeder Sprung so klein ist, dass wir ihn niemals entdecken könnten. Laut einer anderen Ansicht existieren alle Schichten gleichzeitig mit allen vergangenen und früheren Ereignissen, die entlang der Zeitlinie abgebildet sind, obwohl wir daran gehindert werden, dies zu sehen, da wir nicht in der Lage sind, die vier Dimensionen der Raumzeit zu verlassen.

Ob die Zeit wie die Seiten eines Daumenkinos in die Zukunft flackert oder ob die Zukunft bereits unveränderlich existiert, Einsteins Relativität bindet uns an ein Bild des Universums, in dem Raum und Zeit untrennbar miteinander verbunden sind. Wie wir festgestellt haben, teilt sich die Raumzeit aufgrund der Auswirkungen von Zeitdilatation und Längenkontraktion in ihren Raumteil und Zeitteil unterschiedlich auf, wenn sich Beobachter in Bezugsrahmen relativ zueinander bewegen. Es gibt beispielsweise keine Möglichkeit, eindeutig zu behaupten, dass ein Ereignis zehn Sekunden dauert, ohne einen Hinweis auf den Bezugsrahmen zu geben, in dem die Messung durchgeführt wurde. Beobachter in relativer Bewegung können sich also nicht darauf einigen, auf welcher Seite des Daumenkinos ein Ereignis stattgefunden hat.

Die Minkowski-Diagramme

Im Jahr 1907 entwickelte Hermann Minkowski eine andere Art zu visualisieren, wie sich Objekte durch Raum und Zeit bewegten. Diese Darstellungen in der Raumzeit werden Minkowski-Diagramme genannt und geben uns eine grafische Möglichkeit, einige der seltsamen Effekte der Relativität zu visualisieren.

In einem Minkowski-Diagramm wird ein Koordinatensystem verwendet, wobei die Zeit vertikal auf der y-Achse und entweder eine oder zwei der Raumdimensionen entlang der x- und z-Achse dargestellt sind, wie in einer perspektivischen Zeichnung. Wenn Sie sich ein Minkowski-Diagramm auf ähnliche Weise wie das Blockuniversum vorstellen möchten, werden in diesem Fall die Zeitscheiben vertikal gestapelt, wobei die Vergangenheit am unteren Ende des Stapels liegt. Jede dieser Scheiben wird als raumartige Hyperfläche bezeichnet. In Wirklichkeit sind diese Raum-Zeit-Momentaufnahmen dreidimensionale, nicht ebene Oberflächen, aber wie wir

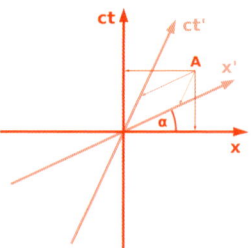

beim Blockuniversum gesehen haben, ist die Visualisierung von vierdimensionalem Raum harte Arbeit!

In einem Minkowski-Diagramm wird ein Objekt nicht als einzelner Punkt, sondern als eine Linie dargestellt, die alle Raumzeitpunkte enthält, an denen sie existiert. Das ist die Weltlinie des Objekts. Wenn sie in einer gleichförmigen Bewegung ist, ist die Weltlinie des Objekts gerade, aber jede Kraft, die darauf einwirkt, wird dafür sorgen, dass sich die Weltlinie krümmt. Wenn die Weltlinie eines Objekts auf die eines anderen Objektes trifft, dann kollidieren die beiden Objekte an diesem Punkt. Die Einheiten entlang der Zeitachse werden normalerweise als Sekunden x Lichtgeschwindigkeit angegeben, sodass die Weltlinien von Lichtstrahlen mit jeder Achse einen 45-Grad-Winkel bilden.

Die Tatsache, dass nichts schneller als das Licht reisen kann, schränkt die Art und Weise ein, wie Ereignisse sich gegenseitig in der Raumzeit beeinflussen können. Der Weg aller möglichen Lichtgeschwindigkeits-Weltlinien, die von einem Ereignis ausgehen, breitet sich in einem wachsenden Kreis aus, wie Wellen, die sich über einen Teich ausbreiten, aus dem ein Fisch aufgesprungen ist. Stellen Sie sich alle diese Sekundenbruchteile vor, einer größer als der vorherige, die entlang der Zeitlinie gestapelt sind und eine umgekehrte Kegelform bilden, deren Spitze am Ursprung des Ereignisses liegt. Dies wird als Lichtkegel bezeichnet. Der zukünftige Lichtkegel des Ereignisses bildet alle möglichen zukünftigen Ereignisse in der Raumzeit ab, die durch das Ereignis beeinflusst werden können. Da nichts schneller als Licht reisen kann, kann alles, was sich außerhalb des Lichtkegels befindet, nicht durch das Ereignis beeinflusst werden oder etwas davon wissen.

Neben dem zukünftigen Lichtkegel kann sich auch ein exakt symmetrischer Vergangenheitslichtkegel aus dem Ereignis in die Vergangenheit ausdehnen. Die vergangenen und zukünftigen Lichtkegel teilen die Raumzeit in drei Regionen. Die absolute Zukunft des Ereignisses ist die Region innerhalb des zukünftigen Lichtkegels. Sie enthält alles, was als Ergebnis des Ereignisses möglicherweise passieren kann. Die absolute Vergangenheit des Ereignisses ist alles innerhalb des vergangenen Lichtkegels. Er enthält alles, was möglicherweise das Ereignis verursacht oder bewirkt hat.

Alles, was sich außerhalb des vergangenen Lichtkegels befindet, kann das Ereignis nicht beeinflussen oder verursacht haben. Alles, was außerhalb der vergangenen und zukünftigen Lichtkegel eines Ereignisses liegt, soll „anderswo" sein. Alles im „Anderswo" kann keine Kenntnis vom Ereignis haben und kann keinen Einfluss darauf haben oder davon beeinflusst werden. Lichtkegel sind hilfreich, da sich verschiedene Beobachter auf den Lichtkegel eines Ereignisses einigen werden. Der britische Physiker Stephen Hawking gibt das Beispiel von Ereignissen, die auf der Erde stattfinden würden, wenn die Sonne plötzlich erlöschen würde. Wegen der Zeit, die das Licht von der Sonne braucht, um die Erde zu erreichen, wüssten wir nichts über das Auslöschungsereignis, bis die Erde acht Minuten später in den Sonnen-Lichtkegel der Sonne käme. Bis dahin wären wir von der Tatsache, dass die Sonne ausgegangen ist, völlig unberührt.

Es ist eigentlich nicht notwendig, Licht zu haben, um einen Lichtkegel zu haben – nicht alle Ereignisse bringen Licht ins Dunkel. Der Lichtkegel ist einfach eine geografische Karte der Raumzeit, die die Grenzen der möglichen Interaktionen zeigt, die mit dem Ereignis verbunden werden können. Jedes Ereignis in der Raumzeit hat seinen eigenen Lichtkegel, sodass die Raumzeit mit einer endlosen Anzahl von unendlich überlappenden Kegeln gefüllt ist.

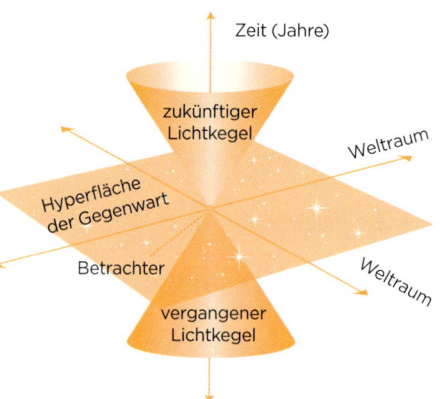

Raumzeit und Gleichzeitigkeit

Die Raumzeit kann verwendet werden, um einige der verwirrenden Effekte der speziellen Relativitätstheorie wie Zeitdilatation und Längenkontraktion zu erklären. Jedes Ereignis, das gleichzeitig mit einem Ereignis auf der Weltlinie eines Beobachters auftritt, liegt auf einer Hyperfläche, die senkrecht zu dieser Weltlinie liegt. Mit anderen Worten, alle Punkte auf der Hyperfläche liegen auf demselben Zeitpunkt, obwohl sie im Raum beliebig getrennt sein können. Stellen Sie sich nun einen zweiten Beobachter vor, der sich relativ zum ersten bewegt. Die Weltlinie des zweiten Beobachters folgt einem Weg, der in einem Winkel zu der des ersten verläuft, und daher ist ihre Hyperflächenscheibe auch gegenüber der ersten geneigt. Dies bedeutet, dass der zweite Beobachter sich nicht mit Beobachter eins einig darüber sein kann, welche Ereignisse gleichzeitig stattfinden. Es lohnt sich, darüber nachzudenken, wie wichtig das ist. Bevor Einstein 1905 alles veränderte, wurde allgemein akzeptiert, dass jeder

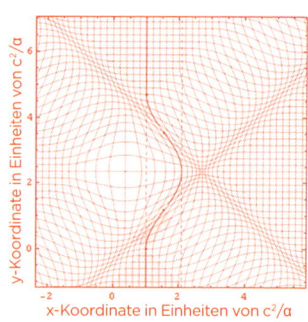

Zeit auf die gleiche Weise erlebt, dass wir alle auf der gleichen Seite in der Raumzeit sind. Tatsächlich haben wir alle eine etwas andere Version des Raumzeit-Daumenkinos.

Reisen durch die Raumzeit

Stellen Sie sich vor, Sie fliegen in einem Flugzeug nach Süden. Der Pilot nimmt eine Kurskorrektur vor, mit der Folge, dass das Flugzeug jetzt in südwestliche Richtung fliegt. Jetzt geht das Flugzeug immer noch in Richtung Süden, aber nicht so schnell wie zuvor, weil ein Teil seiner Geschwindigkeit nun auch nach Westen geht. Was hat das mit der Raumzeit zu tun?

In der alten Newtonschen Physik wurden Reisen durch die Zeit und Reisen durch den Raum als zwei ganz verschiedene Dinge angesehen. Aber das ist laut Einstein nicht der Fall. Die beiden sind, wie bereits gesagt, untrennbar miteinander verbunden. Wenn Sie stationär sind – also sich nicht durch den Raum bewegen –, dann findet Ihre gesamte Raumzeitbewegung durch die Zeit hindurch statt. Wenn Sie anfangen sich zu bewegen, wird ein Teil Ihrer Bewegung durch die Zeit durch den Raum abgelenkt. So wie das Flugzeug seinen Kurs so ändert, dass ein Teil seiner Geschwindigkeit nach Süden und ein Teil nach Westen geht, verlangsamt sich die Geschwindigkeit Ihrer Reise durch die Zeit, wenn Ihre zeitliche Bewegung für die Reise durch den Weltraum genutzt wird.

Da die Lichtgeschwindigkeit konstant ist, unterscheidet sich die Raum- und Zeitmessung eines Beobachters von der eines anderen Beobachters in der relativen Bewegung, sodass jeder den gleichen Wert für die Lichtgeschwindigkeit misst. Gemäß der speziellen Relativitätstheorie stimmt die kombinierte Geschwindigkeit der Bewegung eines Objekts durch die Zeit und durch den Raum mit der Lichtgeschwindigkeit überein. Dies ist eine obere Geschwindigkeitsgrenze, die nicht gebrochen werden kann. Für ein Objekt in Bewegung muss die Zeit langsamer werden, sonst würde die gesamte kombinierte Geschwindigkeit durch die Raumzeit die Lichtgeschwindigkeit überschreiten. Mit Lichtgeschwindigkeit ist die gesamte Raumzeitbewegung zu einer Bewegung durch den Raum geworden, in dem nichts mehr für eine Bewegung durch die Zeit übrig bleibt. Deshalb bewegt sich ein Photon des Lichts, wie wir zuvor gesehen haben, augenblicklich aus seiner Perspektive durch das Universum.

Diese relativistischen Effekte auf die Zeit sind umso größer, je näher wir der Lichtgeschwindigkeit sind, aber sie gelten für jede Bewegung durch den Raum, selbst bei langsamen Geschwindigkeiten. Experimente mit Atomuhren haben gezeigt, dass Uhren, die in einem Flugzeug mitgeflogen sind, einige hundert milliardstel Sekunden langsamer waren als ähnliche Uhren, die auf dem Boden verblieben. Es war zwar ein kleiner Unterschied, aber er stimmte genau mit den Vorhersagen der speziellen Relativitätstheorie überein.

Absolute Raumzeit

Einstein war nie ganz glücklich darüber, dass seine Theorie „Relativitätstheorie" genannt wurde. Tatsächlich waren einige Dinge, wie er gezeigt hatte, relativ, wie Bewegung, Entfernungen und die Dauer von Zeit, aber sie alle fanden gegen den unveränderlichen Hintergrund der Raumzeit statt, deren Geometrie starr durch die Lichtgeschwindigkeit diktiert wurde. Die absolute Raumzeit ist ebenso entscheidend für das Verständnis der speziellen Relativitätstheorie wie die absolute Zeit und der absolute Raum, da sie die Newtonsche Physik ersetzt haben. Einstein zog es tatsächlich vor, seine Arbeit als Invarianztheorie zu betrachten, die auf der unveränderlichen Natur der Raumzeit und der unveränderlichen Lichtgeschwindigkeit gegründet war. Der Physiker Abraham Pais, der wahrscheinlich die beste wissenschaftliche Biografie über Einstein schrieb, sagte, es seien zwei Dinge, in denen Einstein besonders gut war: „Er verstand sich darauf, Invarianzprinzipien zu erfinden und statistische Schwankungen zu nutzen."

Eine Invariante ist etwas, das unter verschiedenen Transformationen konstant bleibt. Eine Kugel ist invariant, weil sie immer gleich aussieht, egal wie man sie dreht. Ein Würfel ist jedoch nur unter 90°-Drehungen invariant – wenn Sie ihn von der Vorderseite auf die Kante drehen, wird er anders aussehen. Einsteins Erkenntnis aus der speziellen Theorie war, dass die Lichtgeschwindigkeit eine solche Invariante ist. Sie ist konstant, egal wer sie misst oder wie schnell sie gerade unterwegs ist.

Kapitel 11

Warum ist E = mc²?

Sie ist eine der bekanntesten Formeln in der Wissenschaft, aber was bedeutet sie eigentlich?

Bisher haben wir untersucht, was mit Objekten in gleichförmiger Bewegung geschieht. Wie wir gesehen haben, verlangsamt sich ein Objekt und seine Länge zieht sich entlang der Bewegungsrichtung zusammen, wenn es sich der Lichtgeschwindigkeit annähert. Aber was sorgt dafür, dass ein Objekt in Bewegung ist? Wie Newton sagte, wird ein Objekt in Ruhe oder in gleichmäßiger Bewegung bleiben, wenn keine Kraft darauf einwirkt.

Die Veränderungen, die Einsteins Theorie für die Dynamik bewirkte – das Studium der Kräfte und der Bewegung –, führten zur berühmten Gleichung:

$$E = mc^2$$

Einstein veröffentlichte seine Idee in einem kurzen, nur drei Seiten langen Aufsatz, der eine Art Coda für die spezielle Relativitätstheorie war. Er trug den Titel „Ist die Trägheit eines Körpers von seinem Energieinhalt abhängig?" und wurde im September 1905 den *Annalen der Physik* vorgelegt.

Kraft und Impuls

Ein Objekt in Bewegung soll einen Impuls haben, der ein Maß für die Bewegungsmenge ist. Dies ist definiert durch die Gleichung: Impuls = Masse x Geschwindigkeit. Die Erhöhung der Masse oder der Geschwindigkeit eines Objekts erhöht seinen Impuls. Wenn zwei sich bewegende Objekte kollidieren, werden Energie und Impuls zwischen ihnen übertragen.

Was ist Energie?

Das E in der Gleichung steht für Energie, aber was ist Energie? Die moderne Verwendung dieses Begriffs stammt aus den 1840er-Jahren, als er zum ersten Mal von dem Physiker William Thompson (der später Lord Kelvin wurde) verwendet wurde. Er erkannte, dass die Kraft, die viele verschiedene Prozesse antrieb, durch den Energietransfer von einem System und einer Form zur anderen erklärt werden konnte. Energie kommt in verschiedenen Formen vor. Zum Beispiel gibt es die chemische Energie, die in Ihren Muskeln gespeichert ist und Ihnen erlaubt, sich zu bewegen, die kinetische Energie, die Energie der Bewegung, potenzielle Energie, wie die Energie, die in einer stark gespannten Bogenschnur gespeichert ist, elektromagnetische Energie, Wärmeenergie und Atomenergie. Energie lässt Dinge geschehen; ohne Energie würde nichts passieren. Je mehr Energie zur Verfügung steht, desto mehr kann erreicht werden. Wenn ein Objekt als energetisch beschrieben wird, bedeutet das, dass es Dinge tun kann. Wissenschaftler glauben, dass die Energiemenge im Universum begrenzt ist – Energie kann sich von einer Form zur anderen ändern, aber nicht erschaffen oder zerstört werden.

Dieser Austausch von Energie und Impuls führt zu einer Kraft-einwirkung auf die beiden Objekte. Eine Kraft ist ein Maß für die Geschwindigkeit der Übertragung von Energie und Impuls. Kraft, Energie und Impuls sind durch diese Formeln miteinander verbunden:

Impulsgewinn = Kraft x Zeit, während der die Kraft wirkt.

Energiegewinn = Kraft x Abstand, durch den die Kraft wirkt.

Diese Formeln gelten sowohl für die klassische Newtonsche Physik als auch für Einsteins relativistische Physik. So wie die Energie in jeder Wechselwirkung erhalten bleibt, ist die Gesamt-menge der vorhandenen Energie am Ende und am Anfang gleich, ebenso bleibt der Impuls erhalten. Newtons drittes Gesetz der Bewegung, „für jede Wechselwirkung gibt es eine glei-che und entgegengesetzte Reaktion", entsteht daraus. Wenn zum Beispiel eine Rakete gestartet wird, wird der Aufwärtsim-puls der Rakete durch den Abwärtsimpuls der aus ihren Trieb-werken ausgestoßenen heißen Gase ausgeglichen.

In der klassischen Physik war es theoretisch möglich, einem Objekt so viel Dynamik zu verleihen, wie Sie wollten, und auf jede gewünschte Geschwindigkeit zu beschleunigen. Alles, was Sie tun müssten, wäre, eine ausreichend große Kraft aufzuwen-den, und es sollte sogar möglich sein, die Lichtgeschwindigkeit zu überschreiten. Das ist natürlich etwas, was die Relativitäts-theorie nicht zulässt.

In der relativisti-schen Physik ist es auch möglich, einem Gegenstand unbe-grenzten Impuls zu verleihen, indem eine Kraft auf ihn ausgeübt wird. Aber egal wie viel oder wie lange eine Kraft

angewendet wird, das Objekt wird niemals über die Lichtgeschwindigkeit hinaus beschleunigt. Im klassischen Rahmen wurde natürlich angenommen, dass die Masse des Objekts gleich blieb und eine Zunahme des Impulses eine Zunahme der Geschwindigkeit bedeutete.

Was ist Masse?

Ganz einfach ausgedrückt, ist Masse die Menge an „Zeug", die ein Objekt enthält. Masse ist nicht dasselbe wie Gewicht. Sie können die Masse ermitteln, indem Sie das Gewicht messen – die Gravitationsmasse. Ein 10-kg-Sack Kartoffeln ist definitiv schwerer als ein 5-kg-Sack, aber die Antwort hängt davon ab, wie stark die Schwerkraft an dem Ort, an dem Sie wiegen, ist. Ihr 10-kg-Sack Kartoffeln wird auf dem Mond zum Beispiel nur etwa 1,6 kg wiegen, aber Sie werden immer noch die gleiche Menge Kartoffeln haben, das heißt, Ihre Masse wird gleich sein. Die Masse ist auch ein Maß für die Massenträgheit oder den Widerstand gegen Bewegung, die ein Objekt hat – seine Trägheitsmasse. Mit Newtons Gleichung Kraft = Masse x Beschleunigung (F = ma) können Sie aus der Menge an Kraft, die Sie anwenden müssen, um ein Objekt in Bewegung zu bringen, auch bestimmen, wie groß das Objekt ist.

Einstein verfügte jedoch, dass dies überhaupt nicht der Fall sei – da die Geschwindigkeit eines Objektes zunimmt, stirbt auch seine Masse. Je näher sich das Objekt der Lichtgeschwindigkeit nähert, desto weniger wird der Impulsanstieg durch eine Zunahme der Geschwindigkeit und desto mehr durch eine Zunahme der Masse aufgenommen. Genau wie die Effekte der Zeitdilatation und Längenkontraktion früher, wird der Massenzuwachs vom Objekt selbst nicht wahrgenommen. Die Besatzung eines Raumfahrzeugs, das sich der Lichtgeschwindigkeit nähert, würde nicht schwerer werden. Die Zunahme der Masse wäre nur für einen externen Beobachter ersichtlich, der im Vergleich zum Raumschiff relativ stationär ist und sieht, dass es der Beschleunigung widersteht.

Gemäß der Relativitätstheorie kann ein Objekt nicht über die Lichtgeschwindigkeit hinaus beschleunigt werden, denn je näher es der Lichtgeschwindigkeit kommt, desto mehr nimmt seine Masse exponentiell zur Unendlichkeit zu, sodass es immer schwieriger wird, die Menge an Energie zu beschleunigen, die benötigt wird.

Als Einstein seine Theorie veröffentlichte, war es bekannt, dass es immer schwieriger wurde, Elektronen in einer Kathodenstrahlröhre zu beschleunigen, je mehr sich der Lichtgeschwindigkeit näherten. Zu der Zeit dachte man, dass dies durch eine Beziehung zwischen dem Elektron und dem elektromagnetischen Feld verursacht wurde, aber Einstein zeigte, dass es das Ergebnis einer Zunahme der Masse des Elektrons war.

Kinetische Energie

Die Energie der Bewegung, kinetische Energie, ist gegeben durch die Gleichung: $E = \frac{1}{2} mv^2$

Dies bedeutet, dass die kinetische Energie eines Objektes gleich der Hälfte seiner Masse multipliziert mit der Geschwindigkeit im Quadrat ist. Dies ist in Ordnung für alltägliche „niedrige" Geschwindigkeiten, aber es wird immer ungenauer bei Annäherung an die Lichtgeschwindigkeit, da m, die Masse, zunimmt.

Ein sich bewegendes Objekt nimmt an Masse zu und hat aufgrund seiner Bewegung kinetische Energie. Wenn sich ein bewegtes Objekt verlangsamt, verliert es kinetische Energie. Ein ruhendes Objekt hat keine kinetische Energie. Die geringste Masse, die ein Objekt haben kann, wird Ruhemasse genannt, und seine Masse, während sie in Bewegung ist, relativistische Masse.

Endlich: E = mc²

Wir sind gerade dabei, alles in die berühmte Gleichung zu inte-
grieren. Wenn sich ein Objekt sehr nahe an der Lichtgeschwindigkeit bewegt, dann wird, wie wir gesehen haben, jede Kraft,
die auf es einwirkt und ihm Energie und Impuls verleiht, dazu
führen, dass es an Masse zunimmt, weil es nicht schneller werden kann. Hinsichtlich der Beziehungen zwischen Kraft, Energie
und Impuls sahen wir, dass die gewonnene Energie der Kraft
entspricht, die mit der Distanz multipliziert wird, durch welche
die Kraft wirkt. Da sich das Objekt mit einer Geschwindigkeit
bewegt, die der des Lichts sehr nahe kommt, ist die Entfernung,
die es zurücklegt, so gering, dass es keinen Unterschied macht,
welche Strecke das Licht in derselben Zeit zurücklegt. Also
ergibt sich die Gleichung: *E = Kraft x c*
(*E* = Energie und *c* = die Lichtgeschwindigkeit)

Laut der zweiten Beziehung entspricht der gewonnene Impuls
der Kraft, die mit der Zeit multipliziert wird, während der die
Kraft wirkt. Daraus ergibt sich eine zweite Gleichung. Da *Impuls
gleich Masse x Geschwindigkeit* ist und sich die Geschwindigkeit
während der Zeit, in der die Kraft wirkt, nicht ändert, nimmt die
Masse um eine Menge zu und die Geschwindigkeit bleibt in der
Nähe der Lichtgeschwindigkeit. Wir können dies darstellen als:
Kraft = m x c (m = Masse)
Die beiden Gleichungen können kombiniert werden zu:
E = Kraft x c = (m x c) x c
Und das kann vereinfacht werden zu: *E = mc²*

Zwei Seiten derselben Münze

Einsteins Gleichung sagt effektiv, dass Energie und Masse dasselbe sind. Wenn ein Objekt Masse oder Energie gewinnt oder
verliert, gewinnt oder verliert es eine gleichwertige Menge an
Energie oder Masse in Übereinstimmung mit *E = mc²*. Bisher
haben wir dies nur in Bezug auf die Bewegungsenergie, die
kinetische Energie, erforscht, aber gilt das auch für andere
Energieformen? Ein Beispiel: Verliert ein Objekt beim Abkühlen
Masse? Ja, tatsächlich. Schließlich ist die Temperatur ein Maß
dafür, wie schnell sich die Atome und Moleküle, aus denen sich

eine Substanz zusammensetzt, bewegen. Und diese werden – in Übereinstimmung mit $E = mc^2$ – massiver, je schneller sie sich bewegen. Einstein glaubte, dass seine Formel eine seltsame Entdeckung erklären würde,

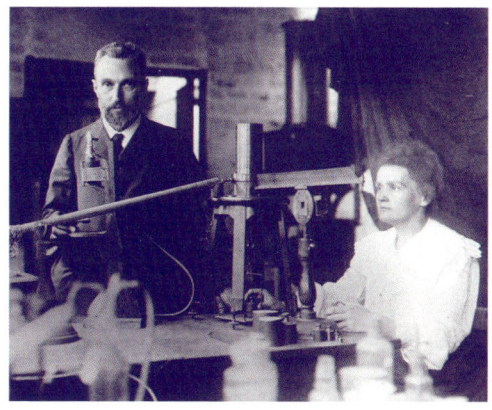

die die polnische Physikerin Marie Curie gemacht hatte. Sie hatte beobachtet, dass eine Unze radioaktives Radium scheinbar unbegrenzt 4000 Kalorien pro Stunde produzierte. Woher, fragte sie sich, kam diese Energie? Laut Einstein sollte das Radium, wenn es Wärme abstrahlt, auch an Masse verlieren. Unglücklicherweise war die damals verfügbare Ausrüstung nicht genau genug, um die winzige Menge an Masse zu messen, die in Energie umgewandelt wurde, und es gab keine Möglichkeit, Einsteins Erklärung empirisch zu verifizieren. Einstein schrieb: „Die Idee ist amüsant und verlockend, aber ob der Allmächtige darüber lacht und mich aufs Glatteis führt – das kann ich nicht wissen." Jahre später, 1948, erklärte Einstein die Äquivalenz von Masse und Energie so:

> *„Aus der speziellen Relativitätstheorie folgt, dass Masse und Energie beide nur Manifestationen der gleichen Sache sind … Weiterhin zeigt die Gleichung $E = mc^2$, in welcher Energie gleichgesetzt wird mit Masse, multipliziert mit der Lichtgeschwindigkeit im Quadrat, dass sehr kleine Mengen an Masse in sehr große Mengen an Energie umgewandelt werden können und umgekehrt. Die Masse und Energie waren tatsächlich äquivalent, entsprechend der zuvor erwähnten Formel."*

Die Lichtgeschwindigkeit ist eine sehr große Zahl. Im Quadrat ist sie in der Tat eine sehr große Zahl. Dies bedeutet, wenn es möglich wäre, selbst eine winzige Menge Materie in Energie umzuwandeln, wäre der Ausstoß enorm. Der Physiker Richard Wolfson hat berechnet, dass in einer Rosine fast genug Energie gespeichert ist, um ganz New York City für einen Tag damit zu versorgen.

Kapitel 12

Wie hat Einstein die Schwerkraft in die Relativitätstheorie einbezogen?

Die spezielle Relativitätstheorie war nur der Anfang. Jetzt musste Einstein einen Weg finden, die Schwerkraft in seine Berechnungen einzubeziehen.

Das war die Frage, die Einstein 1915 in der allgemeinen Relativitätstheorie zu beantworten versuchte. Einstein hatte sich in seiner speziellen Theorie nur auf Objekte konzentriert, die sich mit gleichmäßiger Bewegung fortbewegten. Er hatte sich entschieden, Objekte, die beschleunigt wurden, und Objekte, die von der Schwerkraft betroffen waren, zu ignorieren. Er tat das aus gutem Grund, da es die Berechnungen viel leichter machte. Am 28. November 1919 schrieb Einstein in der Londoner *Times*:

„... Die Relativitätstheorie ähnelt einem Gebäude, das aus zwei getrennten Stockwerken besteht, der speziellen Theorie und der allgemeinen Theorie. Die spezielle Theorie, auf der die allgemeine Theorie beruht, gilt für alle physikalischen Phänomene mit Ausnahme der Gravitation; die allgemeine Theorie liefert das Gesetz der Gravitation und seine Beziehungen zu den anderen Naturkräften."

Die Formulierung der allgemeinen Theorie sollte Einstein sieben Jahre lang manchmal sehr intensiv arbeiten lassen. Der Physiker Dennis Overbye beschrieb Einsteins Errungenschaft als „die wohl erstaunlichste Bemühung von anhaltender Brillanz eines Mannes in der Geschichte der Physik". Was daraus hervorging, war eine Sichtweise des Universums, die völlig anders war als alles Vorhergehende. Einstein sollte einmal mehr unsere Vorstellung von der Funktionsweise des Universums verändern.

Das Schwerkraft-Rätsel

Einstein stand vor einem Rätsel. Die spezielle Relativitätstheorie wurde um die Tatsache herum konstruiert, dass Licht das Schnellste im Universum war. Dies widersprach Newtons Vorstellungen, wie Gravitation funktionierte.

Laut Newton machte die Gravitation ihre Wirkung augenblicklich spürbar: von der Sonne, die die Erde im Orbit hielt, über den Weg einer Raumsonde bis zum Pluto bis zu einem Fallschirmspringer, der ohne Verzögerung auf die Erde traf, wirkte die Schwerkraft ohne Verzögerung und verbreitete sich scheinbar schneller als das Licht durch den Raum. Wenn die Sonne verschwinden würde, würde die Erde in derselben Sekunde aus ihrer Umlaufbahn geschleudert werden. Es würde nicht einmal acht Minuten dauern, bis sie in den Lichtkegel der Sonne gelangte. Wenn Einstein recht hatte, dann war das nicht möglich.

Möglich oder nicht, Newtons universelles Gesetz der Schwerkraft war immer wieder durch Beobachtungen und Experimente bestätigt worden. Wie wirkte sich die Schwerkraft aus? Offensichtlich handelte es sich um eine Kraft, die auf Distanz wirkte und keinen physischen Kontakt benötigte, um zu funktionieren. Außerdem war es im Gegensatz zu anderen Kräften unmöglich, sich von ihren Auswirkungen abzuschirmen.

Newtons Gesetz erklärte, wie man die Auswirkungen der Schwerkraft berechnen kann, aber er versuchte nicht einmal zu erklären, was sie verursacht hatte. Um sich der Verantwortung zu entledigen, schrieb er in *Principia*: „Ich überlasse dieses Problem den Überlegungen des Lesers."

Beschleunigung

Einstein hat gezeigt, dass es unmöglich ist, Bewegung nach-
zuweisen, wenn man sich in einer gleichförmigen Bewegung
befindet. Alle Beobachter, die sich in Relation zu anderen
gleichmäßig bewegen, haben das Recht zu sagen, dass sie
unbewegt sind und dass alle anderen sich bewegen.

Beschleunigte Bewegung ist ganz anders. Wenn wir die
Geschwindigkeit oder die Richtung ändern, spüren wir es.
Ohne aus dem Fenster zu sehen, wissen Sie es, wenn der Zug
um eine Biegung fährt, weil Sie sich seitwärts neigen. Wenn ein
Flugzeug zum Start beschleunigt, fühlen Sie sich in Ihren Sitz
gedrückt, ohne sichtbare Hinweise. Sie wissen auch, wann sich
ein Lift auf oder ab bewegt.

Wenn wir beschleunigen, spüren wir Trägheitskräfte – die
Kräfte, die einer Änderung der Geschwindigkeit oder Richtung
widerstehen. Das sind die Kräfte, die uns gegen die Seite des
Zuges werfen, wenn er die Kurve nimmt; und es sind die
Kräfte, die dazu führen, dass unser Kaffee aus dem Becher
schwappt, wenn der Bus, in dem wir unterwegs sind, über ein
Schlagloch fährt.

Eins, zwei, freier Fall ...

In seinem legendären Experiment am Turm von Pisa de-
monstrierte Galilei, dass ein kleiner Stein in der gleichen Zeit auf
den Boden fällt wie ein großer
Stein. Dies liegt daran, dass sich
die beiden Steine mit derselben
Geschwindigkeit auf den Boden
zu bewegen, und dies gilt unabhängig von dem Unterschied in
ihrer Masse. Galilei konnte nicht
erklären, warum dies so war,
aber Newton konnte es mit seinem zweiten Gesetz der Bewe-
gungskraft – Kraft entspricht
Masse mal Beschleunigung.

Verwendet man die entsprechenden Zahlen, ist die Antwort für die Beschleunigung eines fallenden Gegenstandes gleich – 9,8 m/s auf der Erde (andere Planeten unterscheiden sich). Die Idee, dass die Gravitation alle Objekte mit derselben Geschwindigkeit beschleunigt, unabhängig davon, aus was sie bestehen könnten, wird „Universalität des freien Falls" oder „Äquivalenzprinzip" genannt. Einstein sollte seine Gravitationstheorie aufbauen, indem er annahm, das Äquivalenzprinzip sei wahr. Dieser Effekt kam zustande, weil zwei Quanten in der Newtonschen Theorie, die Trägheitsmasse eines Körpers und seine Gravitationsmasse, genau übereinstimmten. Einstein glaubte, dies könne kein Zufall sein. Wenn er eine brauchbare Theorie der Schwerkraft finden wollte, müsste sie dieses Phänomen erklären.

Einsteins glücklichster Gedanke

Mit seinem „glücklichsten Gedanken", wie er ihn nannte und den er wahrscheinlich im November 1907 hatte, erkannte Einstein, dass Gravitation und Beschleunigung gleichwertig waren – ohne einen Bezugsrahmen kann man das eine nicht von dem anderen unterscheiden. Als er 1922 in Kyoto, Japan, Vorlesungen hielt, sagte er: „Ich saß auf einem Stuhl im Berner Patentamt, als mir plötzlich ein Gedanke kam: Wenn ein Mensch frei fällt, wird er sein eigenes Gewicht nicht spüren. Ich war erschrocken. Dieser einfache Gedanke hat mich tief beeindruckt. Er hat mich zu einer Gravitationstheorie getrieben." Wenn Sie das extreme Pech haben, sich in einem Aufzug im obersten Stockwerk eines Hochhauses zu befinden, während das Kabel reißt, werden Sie sofort in Ihr Verderben stürzen. Aber Sie sollten Zeit haben, währenddessen einige faszinierende Phänomene zu beobachten. Ihre Füße drücken nicht mehr gegen den Boden des Aufzugs. Sollten Sie sich entscheiden, vom

Boden hochzuspringen, werden Sie nicht zurückfallen. Es ist, als wäre die Schwerkraft verschwunden.

Es gibt keine Experimente, die Sie ausführen können, die abschließend zeigen, ob Sie weit weg von jeglicher Gravitationskraft auf den Boden zusteuern oder frei im Raum schweben. Schließen Sie Ihre Augen und stellen Sie sich vor, ein schwereloser Astronaut zu sein (was unter diesen Umständen beruhigend sein könnte). In beiden Fällen sind die physikalischen Gesetze gleich.

Einstein in einer Box

In einem anderen seiner Gedankenexperimente entwickelte Einstein die Idee in etwa folgendermaßen:. Stellen Sie sich einen Physiker vor, der in einer Box erwacht. Ohne dass der Physiker es weiß, befindet sich die Box nicht mehr auf der Erde, sondern im Weltraum und unter gleichmäßiger Beschleunigung. Wenn der Physiker Objekte in der Box freilassen würde, würde ihre Trägheit dazu führen, dass sie auf den „Boden" der Box fallen, d.h. in die entgegengesetzte Richtung zu der, in der sich die Box bewegt. Alle Objekte, die der Physiker fallen ließe, würden in Übereinstimmung mit Galilei und Newton auf genau die gleiche Art fallen, unabhängig von ihrer Masse oder Zusammensetzung. Der Physiker würde aus dieser Beobachtung schließen, dass in der Box ein Gravitationsfeld am Werk ist.

Einsteins Behauptung war, dies sei nicht nur ein Effekt, der einem Gravitationsfeld ähnelte, sondern tatsächlich ein Gravitationsfeld. Er formulierte ein Äquivalenzprinzip, das besagt, dass die Effekte der gleichmäßigen Beschleunigung nicht von den Wirkungen der Schwerkraft zu unterscheiden sind.

Beschleunigung erzeugt ein Gravitationsfeld. Nach Einsteins Äquivalenzprinzip hängt es von Ihrem Standpunkt ab, ob der Physiker in der Box beschleunigte oder nicht. Der Physiker in der Box würde sich selbst in einem Gravitationsfeld sehen und nicht beschleunigen, aber ein Beobachter, der die Box beobachtet, würde sehen, wie er sich gleichmäßig durch den schwerkraftfreien Raum beschleunigt. Jeder relative Standpunkt ist gleichermaßen gültig. Das war es, was die Trägheitsmasse und die Gravitationsmasse gleich machte.

Der „Kotz-Komet"

Die NASA schult ihre Astronauten an Bord eines umgebauten Flugzeuges, das bei einem Parabelflug Passagieren an Bord ermöglicht, für etwa 20 Sekunden nahezu schwerelos zu sein. Das Flugzeug ist bekannt als „Schwereloses Wunder" oder „Kotz-Komet", da die Wirkung der Schwerelosigkeit bei manchen Menschen Übelkeit auslösen kann. Das Flugzeug kann im Rahmen eines Forschungsfluges 40 bis 60 Parabeln fliegen. Zuerst zieht der Pilot das Flugzeug in einem 45-Grad-Winkel hoch, bevor er die Triebwerke zurückdrosselt, um das Luftfahrzeug zu verlangsamen und die Nase nach unten zu drücken, um die Parabel zu vervollständigen. Wenn sich das Flugzeug aus seinem Sturzflug zurückzieht, fühlen die Passagiere und die Besatzung tatsächlich eine Kraft, die der doppelten normalen Schwerkraft entspricht.

Rotverschiebung

Einsteins Äquivalenzprinzip sagt voraus, dass sich die Wellenlänge der elektromagnetischen Strahlung verlängern wird, wenn sie aus einer Gravitationsquelle aufsteigt, ein Phänomen, das als gravitative Rotverschiebung bezeichnet wird. Dank Einsteins

$E = mc^2$ und Plancks $E = \hbar f$-Gesetz, das die Energie von Licht auf seine Frequenz bezieht, wird es offensichtlich, dass ein Photon, wenn es aus einem Gravitationsfeld herauskommt, Energie verlieren muss. Da sich Photonen immer mit Lichtgeschwindigkeit bewegen, wird dieser Energieverlust eher als eine Verringerung der Frequenz statt als eine Verringerung der Geschwindigkeit angesehen. Diese Verringerung der Frequenz des Photons entspricht einer „Rotverschiebung" zu dem niederfrequenten, längerwelligen Ende des Spektrums.

Eine andere Folge davon, die vielleicht nicht offensichtlich ist, ist die Verlangsamung der Zeit. Wenn wir ein Lichtbündel von der Oberfläche der Erde zu einem Beobachter hoch darüber senden, wird er oder sie, wie gesagt, seine Frequenz sinken sehen, was bedeutet, dass die Länge der Zeit zwischen einem Wellenkamm und dem nächsten zunimmt. Es würde dem oben liegenden Beobachter erscheinen, als ob alles etwas länger dauern würde. Diese Vorhersage der allgemeinen Relativität wurde 1962 getestet, als zwei extrem genaue Atomuhren auf einen Turm gelegt wurden, eine oben und eine unten. Die Uhr unten, an der tiefsten Stelle der Erdgravitation, lief langsamer als die obere. Die Diskrepanz entsprach genau der Vorhersage.

Ein zweites Beispiel der Rotverschiebung, kosmologische Rotverschiebung genannt, scheint ein Beweis dafür zu sein, dass das Universum expandiert. Wir werden später darauf zurückkommen.

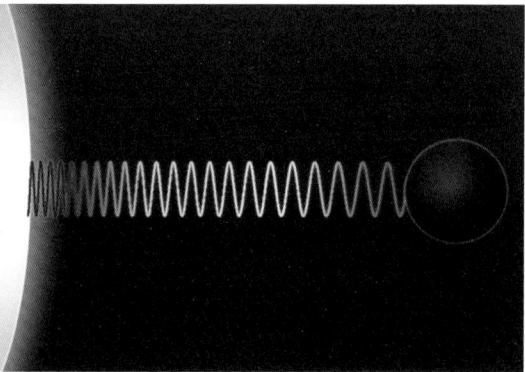

Licht biegt sich, Zeit verlangsamt sich

Einstein erkannte, dass eine Konsequenz des Äquivalenzprinzips darin besteht, dass der Weg eines Lichtstrahls durch die Schwerkraft gebogen wird. Stellen Sie sich ein Photon vor, das die Box des Physikers kreuzt, während sie durch den Raum beschleunigt. Wenn das Photon die Box kreuzt, beschleunigt sich der Boden nach oben, was bedeutet, dass das Photon nach unten zu fallen scheint. Weil ein Gravitationsfeld der Beschleunigung entspricht, muss dasselbe auch dort gelten.

Eine zweite Folge ist, dass sich die Zeit in einem Gravitationsfeld verlangsamt. Dieser Effekt, gravitative Zeitdilatation genannt, bedeutet, dass Beobachter in unterschiedlichen Entfernungen von einem großen Objekt (das ein Gravitationsfeld erzeugt) unterschiedliche Messungen für die Zeit erhalten, die zwischen zwei Ereignissen verstrichen ist. Dies ist eine direkte Konsequenz aus der Tatsache, dass ein Beobachter außerhalb der Box, d.h. außerhalb des Gravitationsfeldes, sieht, dass das Photon einem geraden Pfad folgt, aber der Physiker in der Box sieht es einem längeren, kurvigen Pfad folgen. Da sich die Lichtgeschwindigkeit nicht ändern kann, muss die Uhr des Physikers langsamer laufen, damit beide Reisen gleichzeitig durchgeführt werden können.

Das Zwillingsparadoxon lösen

Zuvor hatten wir uns das Paradoxon des Zwillings im Raumschiff angeschaut, der mit Lichtgeschwindigkeit unterwegs war und nach Hause zurückkehrte, um festzustellen, dass er nun jünger war als sein Geschwisterteil, das zurückgeblieben war. Die Wahrheit ist, dass die Situation für beide Zwillinge tatsächlich nicht die gleiche war, obwohl man relativ gesehen argumentieren könnte, dass es genauso gültig ist zu sagen, dass sich die Raumstation von dem Raumschiff zurückgezogen hat, wie auch umgekehrt. Der Zwilling im Raumschiff musste beschleunigen, um der Lichtgeschwindigkeit nahe zu kommen (und abbremsen, um langsamer zu werden, sich umzudrehen und zurückzukommen). Beschleunigung ist gleichbedeutend mit Schwerkraft und Schwerkraft, wie wir gesehen haben, verlangsamt die Zeit. Daraus folgt, dass die Beschleunigung auch die Zeit verlangsamt. Der Grund dafür, dass der raumfahrende Zwilling langsa-

mer altert als sein Geschwisterteil, ist, dass er beschleunigte und sein Geschwisterteil nicht. Ihre Situationen waren nicht symmetrisch. Dies zeigt einmal mehr, dass es in der Relativität keine absolute Zeit gibt; Zeit ist etwas Persönliches für jeden, gemessen daran, wo wir sind und wie wir uns bewegen.

Zum Äquivalenzprinzip führte Einstein das Relativitätsprinzip ein, das besagt, dass die Gesetze der Physik in jedem Bezugssystem von der speziellen Relativitätstheorie bestimmt werden. Auf diesen Grundlagen baute er seine allgemeine Relativitätstheorie auf. Dies sollte das in der speziellen Relativitätstheorie entwickelte Konzept der Raumzeit auf die gesamte Physik und insbesondere auf die theoretische Gravitation erweitern.

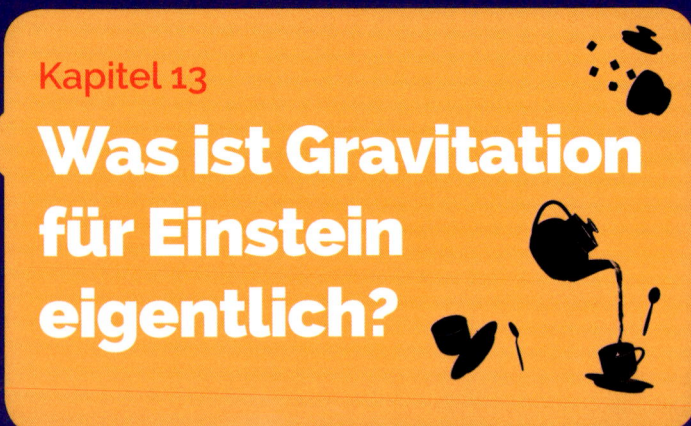

Kapitel 13

Was ist Gravitation für Einstein eigentlich?

Seit Jahrhunderten glaubte man, die Gravitation sei eine Anziehungskraft zwischen zwei Objekten, aber für Einstein war es eine Verzerrung im Raumzeitgefüge.

Was macht die Schwerkraft mit der Raumzeit? Der Schlüsselgedanke in der allgemeinen Relativitätstheorie ist, dass die Gravitation nicht eine Kraft ist, die zwischen Objekten wirkt, sondern das Ergebnis einer Verzerrung der Raumzeit, die durch die Objekte verursacht wird. Je größer das Objekt ist, desto mehr Raumzeit krümmt sich um das Objekt.

Schwerkraft und Gezeitenkräfte

Stellen Sie sich zwei Raumfahrzeuge vor, die sich entlang paralleler Flugbahnen durch den leeren Raum mit derselben Geschwindigkeit relativ zueinander bewegen. Solange keine Kraft auf sie wirkt, werden ihre Wege einer geraden Linie folgen. Nehmen wir an, es gibt einen Planeten vor uns. Laut Newton übt seine Schwerkraft eine Kraft aus, die die Raumfahrzeuge vom Kurs abbringt und ihre Bahnen zusammenlaufen lässt. Dies geschieht, weil sie beide in Richtung des Planetenschwerpunkts gezogen werden, sodass sie sich beide auf denselben Punkt im Raum zu bewegen. Es ist dieser Unterschied in der Richtung, der für die abnehmende Entfernung zwischen den beiden Raumfahrzeugen verantwortlich ist. Physiker nennen diese Kraftdifferenz eine „Gezeitenkraft". Sie wird so genannt, weil sie den Unterschied zwischen der Anziehungskraft des Mondes auf der Erde und den Ozeanen der Erde verursacht, der für die Gezeiten verantwortlich ist.

Die Gezeitenkräfte zeigen uns auch, dass die Schwerkraft auch im freien Fall nicht vollständig „ausgeschaltet" ist. Für ein menschliches Objekt, das frei in die Erdanziehungskraft fällt, wird eine Gezeitenkraft wirken, da Ihre Füße, die am nächsten am Boden liegen, eine sehr geringfügig stärkere Anziehungskraft haben als Ihr Kopf, der weiter vom Schwerpunkt entfernt ist. Es ist ein unbedeutend kleiner Unterschied, aber er ist da.

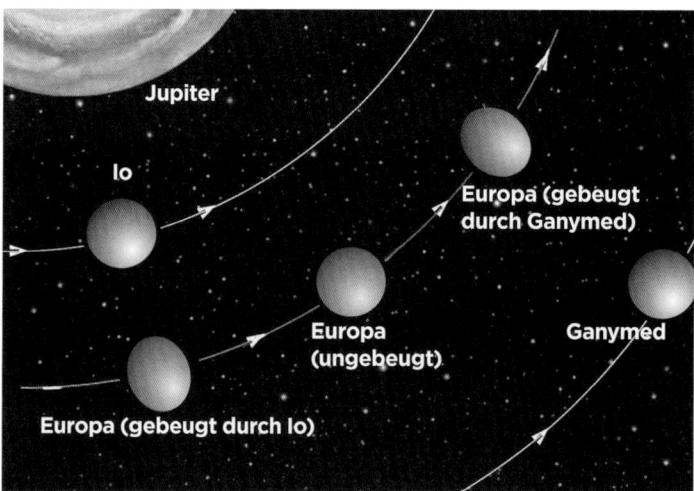

Gekrümmte Oberflächen

Wir sind es gewohnt, mit der Geometrie ebener Flächen umzugehen. Das haben wir in der Schule gelernt. Die Summe aller Winkel in einem Dreieck ergibt immer 180 Grad; zwei parallele Linien werden sich nie treffen und so weiter. Aber es gibt eine Möglichkeit, wie zwei parallele Pfade zusammenlaufen können.

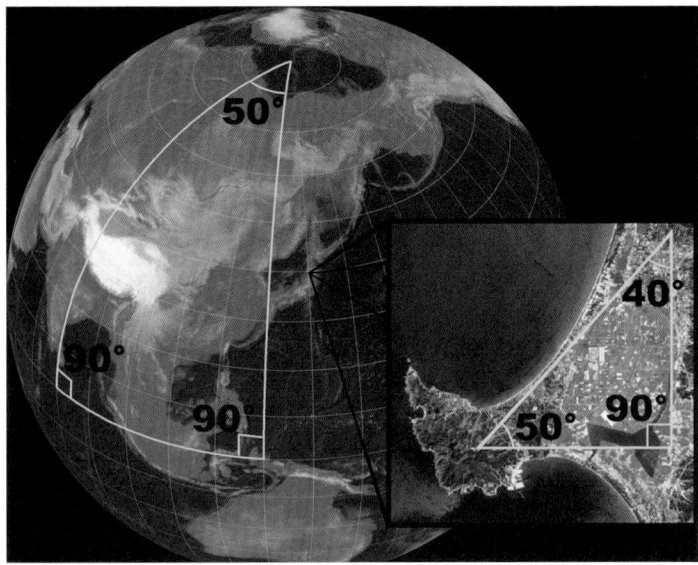

Die Oberfläche einer Kugel ist auch eine flache Oberfläche, aber in diesem Fall ist sie gekrümmt und die Gesetze der Geometrie ändern sich ein wenig. Es gibt keine geraden Linien auf einer Kugel oder irgendeine Art gekrümmter Oberfläche, aber wir können Linien konstruieren, die so gerade wie möglich sind. Mathematiker nennen diese Linien „Geodäten". Im Falle der Kugel liegt der kürzeste Abstand zwischen zwei Punkten auf dem Weg eines großen Kreises, dem größten Kreis, der auf dieser Oberfläche gezeichnet werden kann. Großkreis-Routen sind diejenigen, die von kommerziellen Fluglinienpiloten genommen werden, um sicherzustellen, dass sie der kürzesten Flugstrecke zwischen zwei Flughäfen folgen.

Stellen Sie sich statt eines Raumfahrzeugs jetzt zwei „Überschall-Schöpflöffel" vor, die parallel vom Äquator zum Nordpol Richtung Norden fliegen. Ohne den Kurs zu wechseln, kollidieren sie am Nordpol, wenn sich ihre Wege treffen. Keine Kraft hat auf sie eingewirkt, aber weil sie sich auf der gekrümmten Oberfläche einer Kugel bewegten, kreuzten sich ihre Bahnen unweigerlich.

Um zu sehen, warum dies geschieht, können wir aus drei sich schneidenden Geodäten ein Dreieck auf der Kugeloberfläche konstruieren. Der Boden des Dreiecks liegt am Äquator und repräsentiert den Abstand zwischen den beiden Schöpflöffeln. Die beiden Winkel auf dem Äquator sind beide rechte Winkel, daher sind die anfänglichen Flugbahnen parallel. Aber die Wege laufen an der Nordpolspitze des Dreiecks zusammen. Vielleicht haben Sie auch bemerkt, dass die Winkel des Dreiecks sich auf mehr als 180 Grad addieren.

Erst wenn man größere Bereiche der Kugel betrachtet, wird deutlich, dass die Oberfläche gekrümmt ist. Sie könnten den ganzen Tag laufen und überhaupt nicht den Eindruck bekommen, dass Sie sich entlang der Oberfläche der Kugel bewegen; steigen Sie allerdings ein Dutzend Kilometer in die Luft, werden Sie in der Lage sein, die Krümmung der Erde zu erkennen. Das Gleiche gilt für jede gekrümmte Fläche: ein Bereich, der klein genug ist, ist praktisch nicht von einer ebenen Fläche zu unterscheiden.

Gekrümmte Raumzeit

Einstein nahm diese Eigenschaft der Krümmung und zog einen Vergleich mit der Funktionsweise der Schwerkraft. Für eine sehr kleine Region der Raumzeit, zum Beispiel für einen Physiker, der frei in einer Raumbox schwebt, die sich gleichmäßig bewegt, gibt es keine Schwerkraft. Das Innere der Box gehorcht den Gesetzen der Raumzeit der speziellen Relativitätstheorie. Die Raumzeit der speziellen Relativitätstheorie, in der die Gravitation nicht vorhanden ist, ist analog zur flachen Oberfläche und die Gesetze zur Bewegung sind ziemlich einfach. Solange keine Kraft auf ein Objekt einwirkt, bewegt es sich in einer geraden Linie mit konstanter Geschwindigkeit weiter und folgt einem geraden Weg durch die Raumzeit.

Wenn wir nun der Situation die Schwerkraft hinzufügen, indem wir zum Beispiel einen großen Planeten in den Weg des Physikers stellen, sagt Newton, dass der Planet eine Kraft auf alle Objekte um ihn herum ausüben wird. Der unglückselige Physiker wird die ersten Auswirkungen der Beschleunigung spüren, wenn sich sein Weg dem Planeten nähert.

In seiner Gravitationstheorie betrachtet Einstein die Dinge ganz anders. Anstatt eine Kraft auszuüben, verursacht eine Masse eine Verzerrung der Raumzeit. Die leere Raumzeit, die Raumzeit der speziellen Relativitätstheorie, ist flach. Wo jedoch Materie vorhanden ist, ist die Raumzeit gekrümmt.

So wie es keine geraden Linien auf der Oberfläche einer Kugel gibt, gibt es keine geraden Linien in gekrümmter Raumzeit. Die größte Nähe zu der Geraden in der gekrümmter Raumzeit, die wir erreichen können, ist mit einer Geodäsie, einer möglichst geraden Kurve. Der Physiker, der auf den Planeten zusteuert, wurde nicht von seinem geradlinigen Kurs abgelenkt, vielmehr hat die Anwesenheit des großen Planeten, der die Raumzeit verzerrt, die Form, die eine gerade Linie annehmen kann, verändert. Es hat die Geometrie der Raumzeit neu definiert. Gemäß der allgemeinen Relativitätstheorie folgt ein Objekt einer geraden Linie geodätisch durch die Raumzeit, aber von unserer dreidimensionalen Perspektive, sieht der Pfad gekrümmt aus!

Die Erde hinterlässt Spuren in der Raumzeit und krümmt sie um sich herum. Der Mond folgt einem geraden Weg durch die erdgekrümmte Raumzeit, die für uns auf einer kreisförmigen Umlaufbahn (elliptisch, wie der Mond die Raumzeit umkreist) um die Erde herum erscheint. Die allgemeine Relativitätstheorie sagt voraus, dass Lichtstrahlen durch Gravitationsfelder gebogen werden, weil Licht auch Geodäten durch die Raumzeit folgt. Diese Biegung des Lichtes durch die Schwerkraft war, wie wir sehen werden, eine der ersten Bestätigungen, dass Einsteins Theorie richtig war.

Ein Tanz zur Musik der Raumzeit

Dies ist die Grundlage von Einsteins Theorie. Newtons Gravitation ist eine Kraft, die auf Objekte einwirkt und deren Bewegung beeinflusst, aber die Schwerkraft in Einsteins Universum ist das Ergebnis einer gekrümmten Raumzeit, einer Verzerrung der Raumzeitgeometrie. Die Objekte folgen immer noch den geradesten Wegen durch die Raumzeit, aber weil die Raumzeit nun gekrümmt ist, beschleunigen sie sich, als ob sie unter dem Einfluss einer Gravitationskraft wären.

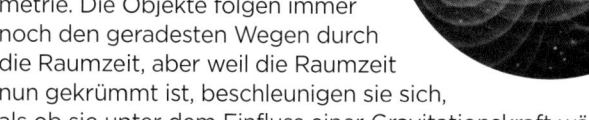

In Einsteins Universum interagieren Materie und Raumzeit in einem komplexen und sich ständig verändernden Tanz. Materie verzerrt die Geometrie der Raumzeit und diese verzerrte Geometrie bestimmt, wie sich Materie durch sie bewegt. Während sich die Materie bewegt und die Gravitationsquellen ihre Positionen verändern, schwanken auch die wirbelnden Kurven der Raumzeit. Wie der Physiker John Archibald Wheeler prägnant zusammenfasste: „Raumzeit gibt der Materie vor, wie sie sich zu bewegen hat; Materie gibt der Raumzeit vor, wie sie sich zu krümmen hat."

Gravitationswellen

Eine der Vorhersagen der allgemeinen Relativitätstheorie besagt, dass es ein Phänomen namens „Gravitationswellen" geben sollte. Gravitationswellen sind wie Wellen in der Raumzeit, die durch besonders energiereiche Störungen verursacht werden. Einsteins Gleichungen zeigten, dass verheerende Ereignisse, z. B. das Zusammenstoßen von zwei Schwarzen Löchern oder eine massive Supernova-Explosion, wie große Gesteinsbrocken in den Teich der Raumzeit fallen und Wellen von verzerrtem Raum im Universum mit Lichtgeschwindigkeit aussenden würden. Obwohl Gravitationswellen bereits 1916 vorhergesagt wurden, gab es bis 20 Jahre nach Einsteins Tod keinen wirklichen Beweis für ihre Existenz. Im Jahr 1974 entdeckten Astronomen des Arecibo Radio Observatory in Puerto Rico einen binären Pulsar – zwei extrem dichte und schwere Sterne im Orbit, die sich umeinander drehen.

Mit dem Wissen, dass dieses System dazu benutzt werden könnte, Einsteins Vorhersage zu testen, begannen die Astronomen, das System genau zu beobachten. Acht Jahre akribischer Datenerhebung enthüllten, dass die Pulsare sich genauso schnell näher kamen, wie es die allgemeine Relativitätstheorie vorhergesagt hatte. Nach über 40 Jahren intensiver Beobachtung stimmen die beobachteten Veränderungen der Umlaufbahnen der Pulsare so gut mit der allgemeinen Relativitätstheorie überein, dass die Forscher keinen Zweifel daran haben, dass sie Gravitationswellen emittieren.

Bis September 2015 wurden alle Bestätigungen der Existenz von Gravitationswellen indirekt oder mathematisch bestimmt und nicht durch tatsächliche physikalische Beweise. Am 14. September hat das Laser-Interferometer-Gravitationswellen-Observatorium (LIGO) hier auf der Erde erstmals Gravitationswellen aufgespürt. Die Wellen, die entdeckt wurden, wurden von zwei kollidierenden Schwarzen Löchern in fast 1,3 Milliarden Lichtjahren Entfernung erzeugt! Die Wellen können durch extrem heftige Ereignisse erzeugt werden, aber wenn sie die Erde erreichen, sind sie viele Millionen Mal kleiner. Tatsächlich war zu der Zeit, als LIGO die Gravitationswellen entdeckt hatte, der Grad der wackligen Raumzeit, den sie generierten, viel kleiner als ein Atomkern, was erklären mag, warum man sie nicht gespürt hat, als sie hindurchgingen.

LIGO ist ein absoluter Triumph von Ingenieurskunst und Einfallsreichtum. Es besteht aus zwei L-förmigen Detektoren, die 3000 km voneinander entfernt sind und in 4 km langen Vakuumkammern untergebracht sind. Gemeinsam können sie eine Bewegung messen, die 10 000-mal kleiner ist als ein Atomkern – eine Messung dieser Genauigkeit wurde noch nie zuvor versucht. Es entspricht der Entfernung zum nächsten Stern mit einer Genauigkeit, die kleiner ist als die Breite eines menschlichen Haares.

Kapitel 14

Wie hat eine Finsternis bewiesen, dass Einstein recht hatte?

Arthur Eddingtons astronomische Beobachtungen während einer totalen Sonnenfinsternis bestätigten, dass Einsteins Relativitätsgleichungen korrekt waren.

Im Herbst 1919 erhielt Pauline Einstein eine Postkarte von ihrem Sohn Albert. Diese begann mit: „Liebe Mutter, freudige Neuigkeiten heute. H. A. Lorentz telegrafierte, dass die englischen Expeditionen tatsächlich die Ablenkung des Lichts von der Sonne gezeigt haben."

Als Einstein 1907 erstmals sein Äquivalenzprinzip darlegte und daraus schloss, dass es zur Biegung des Lichts führen würde, dachte er, dass der Effekt viel zu klein sei, um jemals gemessen zu werden. Einsteins erste Vorhersagen über die Biegung des Lichts von einem Stern durch die Sonne entsprachen dem, was Newton selbst aus seinem Gravitationsgesetz und seinem Glauben, dass Licht die Form eines Teilchenstroms annahm, vorhergesagt haben würde. Einsteins Antwort war falsch. Zu dieser Zeit war Einstein noch nicht zu der Erkenntnis gelangt, dass die Raumzeit gekrümmt ist und dass sich dies auf die Biegung des Lichtstrahls auswirken würde. Erst 1915 erkannte er, dass nach seiner allgemeinen Relativitätstheorie der Lichtstrahl, der die Sonne passierte, um den doppelten Wert dieser ursprünglichen Rechnung von 1907 gebogen würde. Es ist vielleicht Glück, dass es keine Möglichkeit gegeben hat, Einsteins Idee zu testen, bevor er diese Korrektur vorgenommen hat. Eine Expedition zur Betrachtung einer Sonnenfinsternis in Brasilien im Jahr 1912 hatte die Messung der Lichtablenkung in die Versuchsliste aufgenommen, wurde jedoch durch schlechtes Wetter vereitelt. Im Sommer 1914 brach eine zweite Expeditionsgruppe für die Krim auf, um eine Sonnenfinsternis zu beobachten, musste jedoch nach Ausbruch des Ersten Weltkrieges zurückkehren.

Nun, mit einem klaren Unterschied zwischen Einsteins Prognosen über die allgemeine Relativitätstheorie und denen der Newtonschen Physik konnte man herausfinden, wer recht hatte, aber man musste warten, bis der Krieg beendet war, bevor weitere Beobachtungen durchgeführt werden konnten. Es wurden einige Versuche unternommen, Beweise für die vorhergesagten Ablenkungen in Fotografien früherer Finsternisse zu finden, jedoch ohne Erfolg. Einstein wollte unbedingt, dass seine Theorie wahr ist. In einem Buch, das er 1916 schrieb, um die Relativitätstheorie einem größeren Publikum zu erläutern, erklärte er: „Die Prüfung der Richtigkeit oder Nichtigkeit dieser Schlussfolgerung ist ein Problem von größter Bedeutung, dessen frühe Lösung von Astronomen zu erwarten ist."

Er musste bis September 1919 warten, bis zwei britische Expeditionen endlich die Ergebnisse erzielten, auf die er gehofft hatte.

Die Finsternisexpeditionen von 1919

Der Astronom Sir Arthur Eddington unternahm während der totalen Sonnenfinsternis vom 29. Mai 1919 eine Finsternis-Expedition auf die Insel Principe vor der Küste Westafrikas. Eine zweite Expedition nach Sobral in Brasilien wurde von Andrew Crommelin vom Greenwich Observatory geleitet. Eddington hatte das Glück, 1916 eine Kopie von Einsteins Theorie zu erhalten, obwohl mitten im Krieg. Er wurde ein begeisterter Verfechter der Relativitätstheorie und zusammen mit dem königlichen Astronom, Sir Frank Dyson, entwickelte er einen Plan, um Einsteins Theorie zu testen.

Sterne sehen wir nur nachts, weil das schwache Licht tagsüber vom Sonnenschein überflutet wird. Die Sterne sind natürlich immer noch da und während einer totalen Sonnenfinsternis, wenn der Mond das Sonnenlicht blockiert, werden sie sichtbar. Einsteins Theorie hatte vorhergesagt, dass Licht, das auf seinem Weg zur Erde nahe an der Sonne vorbeigehen würde, durch die verformte Raumzeit um die Sonne gelenkt werden würde. Dies würde zu einer Änderung der sichtbaren Position des Sterns führen, die gegen die tatsächliche Position des Sterns gemessen werden könnte, welche aus Beobachtungen der Position des Sterns in der Nacht bekannt war.

Der Ablenkungswinkel, den sie suchten, war zwar sehr klein und entsprach in etwa der Breite einer Münze, aus 3 km Entfernung betrachtet. Dies war jedoch auch mit der damals verfügbaren Technologie erreichbar. Die beiden Expeditionsgruppen

brachen im März 1919 von Liverpool auf, eine Gruppe ging nach Brasilien und die andere nach Principe. Am Morgen der Sonnenfinsternis regnete es stark auf Principe und die erforderliche Beobachtung schien hoffnungslos. Im Laufe des Morgens begann der Himmel klarer zu werden, aber als sich die totale Finsternis näherte, drohten die letzten

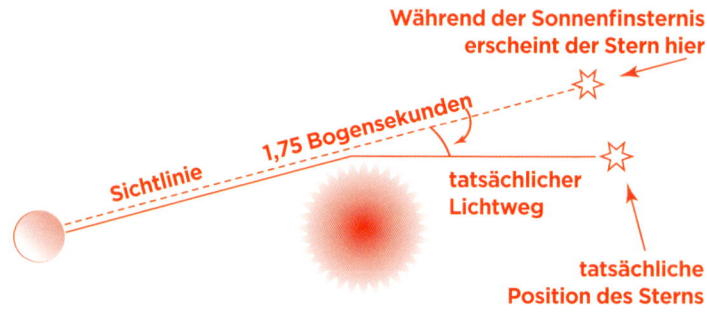

Während der Sonnenfinsternis erscheint der Stern hier

Sichtlinie

1,75 Bogensekunden

tatsächlicher Lichtweg

tatsächliche Position des Sterns

Wolkenfetzen immer noch, die Beobachtungen zu vereiteln. Eddington berichtete, dass er die Sonnenfinsternis eigentlich nicht über ein paar Blicke hinaus gesehen habe, da er zu sehr damit beschäftigt war, die Fotoplatten in seiner Kamera auszutauschen. Er befürchtete, dass die Wolke die Sternbilder beeinträchtigen könnte.

Das Sobral-Team hatte mit dem Wetter mehr Glück. Nun mussten die Platten beider Expeditionen entwickelt und sorgfältig untersucht werden. Wer würde recht haben – Newton oder Einstein? Eine der brasilianischen Fotografien schien mit Einstein, die andere mit Newton übereinzustimmen. Eddingtons Platten zeigten weniger Sterne, aber was sichtbar war, schien Einstein zu stützen. Eddington entschied, dass das Newtonsche Ergebnis aus Brasilien auf fehlerhafte Geräte zurückzuführen sei, und gab Einstein recht.

Bekanntlich war Einstein, kurz nachdem er die Nachricht gehört hatte, mit einer seiner Studentinnen, Ilse Schneider, zusammen. Sie fragte ihn, was er getan hätte, wenn die Beobachtungen gezeigt hätten, dass seine Theorie falsch war. Einstein antwortete: „Dann hätte ich den lieben Herrn bedauert; die Theorie stimmt."

In anderen Nachrichten ...

Für die Leser der Zeitung *The Times* vom 7. November 1919 gab es einige interessante Schlagzeilen. Auf Seite 11 konnten sie über die „Waffenstillstands- und Vertragsbedingungen", „Das zerstörte Frankreich" und „Kriegsverbrechen gegen Serbien" lesen.

Auf Seite 12 gab es weitere Nachrichten über die Nachwirkungen des Krieges, einschließlich Nachrichten über die „Einhaltung des Waffenstillstands-Tages / Zwei Minuten Pause von der Arbeit". Mit Blick auf die sechste Spalte findet der Leser weltweite Nachrichten der etwas anderen Art: „Revolution in der Wissenschaft / Neue Theorie des Universums / Newtonsche Ideen gestürzt". Und dort, auf halber Höhe der Kolonne, eine Unterüberschrift, die zu einem starken Stirnrunzeln geführt haben muss: „Weltraum verzerrt". Einstein selbst schrieb einen Artikel für die *Times*, der in der Ausgabe vom 28. November veröffentlicht wurde. Mit vager Vorahnung, angesichts der späteren Ereignisse in Deutschland, kam er zu dem Ergebnis:

> *„Durch die Anwendung der Relativitätstheorie auf den Geschmack der Leser werde ich heute in Deutschland als deutscher Mann der Wissenschaft bezeichnet und in England als Schweizer Jude. Wenn ich als rotes Tuch angesehen werde, werden die Beschreibungen umgekehrt und ich werde ein Schweizer Jude für die Deutschen und ein deutscher Wissenschaftler für die Engländer!"*

Eine Nachricht vom Merkur

Die Astronomie spielte eine weitere Rolle beim Nachweis der Gültigkeit der allgemeinen Theorie. Ein langjähriges Rätsel für Astronomen war die Tatsache, dass die Umlaufbahn von Merkur, dem Planeten, der der Sonne am nächsten ist, nicht ganz in Newtons Gleichungen passte. Während die Planeten die Sonne umkreisen, folgen sie einem elliptischen Pfad, wie er 1609 von Kepler bestimmt und etwa 50 Jahre später von Newton erklärt wurde. Der elliptische Pfad bedeutet, dass der Planet einen Punkt der engsten Annäherung an die Sonne hat (Astronomen nennen dies das Perihel). Dieser Punkt tritt nicht immer an derselben Stelle in der Umlaufbahn auf, sondern aufgrund der Anziehung der Planeten zueinander, einem von Newton vorhergesagten Effekt, bewegt sich das Perihel langsam um die Sonne. Diese Rotation der Umlaufbahn wird Präzession genannt.

Das Problem war, dass Newton die Präzession aller Planeten außer der von Merkur erklären konnte. Merkurs Präzessionsrate war nur ein bisschen höher, als Newton es vorausgesagt hatte. Es war ein kleiner Unterschied, aber keiner, der ignoriert werden konnte. Am Weihnachtsabend 1911 schrieb Einstein:

„Zurzeit bin ich [wieder] mit Überlegungen zur Relativitätstheorie im Zusammenhang mit dem Gravitationsgesetz beschäftigt ... Ich hoffe, die bisher ungeklärten Änderungen der Perihellänge von Merkur aufzuklären ... [aber] bisher scheint es nicht zu funktionieren."

Astronomen suchten nach einem Weg, um das merkwürdige Verhalten von Merkur zu erklären. Vielleicht gab es einen Schwarm von Asteroiden zwischen Merkur und der Sonne oder sogar einen nicht entdeckten Planeten, der an Merkur zerrte, während er auf seiner Umlaufbahn unterwegs war. Es gab viele Ideen, aber keine schien alle Fragen zu beantworten. Was sie alle gemeinsam hatten, war, dass sie das Newtonsche Gravitationsgesetz als genau akzeptierten. Im Jahr 1916 kam Einstein mit den Gleichungen seiner neu geschmiedeten allgemeinen Relativitätstheorie. Er konnte zeigen, dass sein Konzept der Schwerkraft exakt die Orbitalbewegungen von Merkur vorhersagte. Der Grund für die Diskrepanz war die Nähe der Raumzeit zur Masse der Sonne. Einstein freute sich über die Beweise seiner Theorie und dass seine Berechnungen mit der Beobachtung der Astronomen übereinstimmten.

Kapitel 15

Wenn Einstein recht hatte, hatte Newton dann unrecht?

Das Wesen der wissenschaftlichen Untersuchung besteht darin, dass sie niemals stillsteht, keine Wahrheit absolut ist und kein Beweis sicher ist.

> „Newton, vergeben Sie mir. Sie haben den einzigen Weg gefunden, der in Ihrem Zeitalter für einen Mann mit höchsten Gedanken und schöpferischer Kraft möglich war. Die Konzepte, die Sie erstellt haben, lenken unser Denken in der Physik auch heute noch, obwohl wir jetzt wissen, dass sie durch andere ersetzt werden müssen, die vom unmittelbaren Erleben entfernt sind, wenn wir ein tieferes Verständnis von Beziehungen anstreben."
>
> Albert Einstein

Isaac Newton hat sich in den kleinsten Details möglicherweise geirrt, aber ungefähr 200 Jahre lang hatte er in der Praxis zweifellos recht. Es ist das Wesen der wissenschaftlichen Untersuchung, dass Wahrheiten niemals absolut sind, sondern einfach die beste Beschreibung der Realität, die mit dem zu diesem Zeitpunkt verfügbaren Wissen erreicht werden kann. Ein Wissenschaftsgesetz ist eine Erklärung oder eine Aussage, die immer wahr zu sein scheint. Aber die Wissenschaft steht nicht still.

Das Newtonsche Gravitationsgesetz und seine drei Bewegungs-gesetze erklären hervorragend, warum sich Objekte so bewegen, wie sie sich bewegen. Im Jahr 1905 zeigte Albert Einstein jedoch, dass für Gegenstände, die sich mit einer Geschwindigkeit bewegen, welche sich der Geschwindigkeit des Lichts nähert, die Newtonschen Gesetze nicht mehr gelten. Newton lag nicht falsch – aber er konnte sich die Grenzen seiner Gesetze einfach nicht vorstellen oder diese vorhersehen. Newton bot eine Möglichkeit, die Auswirkungen der Schwerkraft zu berechnen, versuchte sie jedoch nie zu erklären. 1687 schrieb er:

> *„Ich konnte die Ursache dieser Eigenschaften der Schwerkraft noch nicht anhand von Phänomenen herausfinden, und ich stelle keine Hypothesen auf, […]. Dass ein Körper aus der Ferne durch ein Vakuum auf einen anderen einwirken kann, ohne Vermittlung von etwas anderem […] ist für mich eine so große Absurdität, dass niemand, der in philosophischen Angelegenheiten eine kompetente Denkweise besitzt, jemals damit einverstanden sein könnte."*

Einstein wollte eine Erklärung für das Phänomen der Schwerkraft finden, und die Erklärung, die er fand, lieferte viel genauere Vorhersagen als jene von Newton, aber dessen Gesetze funktionieren immer noch unter „normalen" Bedingungen (d. h. weit unter der Lichtgeschwindigkeit) – sie sind sicherlich genau genug, um einen Kurs aufzuzeichnen, um eine Sonde von der Erde zu Pluto zu senden. Einstein bewies nicht, dass Newton falsch lag; er produzierte eine Theorie der Schwerkraft, die sich auf Situationen ausdehnte, von denen Newton keine Vorstellung hatte.

Es ist eines der Markenzeichen der Wissenschaft und eines ihrer Leitprinzipien, dass eine Theorie nichts bedeutet, wenn sie der experimentellen Überprüfung nicht standhalten kann.

Wie Richard Feynman sagte: „Es spielt keine Rolle, wie schön Ihre Theorie ist, es spielt keine Rolle, wie klug Sie sind, es spielt keine Rolle, wie Ihr Name ist. Wenn die Theorie im Experiment scheitert, ist sie falsch."

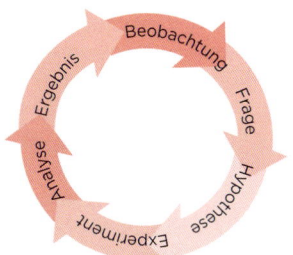

Natürlich braucht es viele Experimente, um eine Theorie als richtig oder falsch zu beweisen. Ein Test ist nicht genug, die Ergebnisse müssen wiederholt und verifiziert werden. Newtons Gesetze haben sich seit über hundert Jahren immer wieder bewährt. Zum Beispiel bemerkten die Astronomen des 19. Jahrhunderts, dass Sirius, der hellste Stern am Nachthimmel, auf seinem Weg leicht zu wackeln schien. Die Gesetze von Newton besagen, dass, wenn etwas sich nicht so bewegt, wie man es erwartet, eine Kraft angewendet worden sein muss. Einige hätten vielleicht das alternative Argument vorgebracht, dass dies zeige, dass Newtons Gesetze nur in unserem Sonnensystem gelten und nicht im interstellaren Raum. Wenn Newton jedoch recht hatte, gab es vielleicht einen unsichtbaren Stern, der Sirius unterwarf und dessen Schwerkraft ihn zum Wackeln brachte. Im Jahr 1862 wurde dieser Stern entdeckt. In der Tat ist Sirius ein Doppelsternsystem – zwei Sterne, die einen Punkt zwischen ihnen umkreisen. Einer ist ein Hauptreihenstern, Sirius A, und der andere ist ein weißer Zwergstern, Sirius B. Daher das Wackeln – eine Rechtfertigung für die Gesetze von Newton.

Einer der ersten wirklichen Risse in der Newtonschen Physik waren die unerklärlichen Abweichungen in der Umlaufbahn des Merkur. Es gab nichts in Newtons *Principia*, das dies erklärte, egal wie sehr die Menschen es auch versuchten. Obwohl Astronomen nach einem neuen Planeten suchten, um die Gravitationsbücher auszugleichen, gab es keine intrasolare Version von Sirius' Begleitstern Sirius B, um Newton zu retten.

Die Vorhersagen der allgemeinen Relativitätstheorie sind die gleichen wie diejenigen der Newtonschen Gravitationstheorie, solange die beteiligten Gravitationsfelder schwach sind. Mit anderen Worten, solange die Geschwindigkeiten aller miteinander wechselwirkenden Objekte im Vergleich zur Lichtgeschwindigkeit klein sind, wird ein Gravitationsfeld als stark angesehen, wenn sich die Fluchtgeschwindigkeit, die erforderlich ist, um sich davon zu lösen, der Lichtgeschwindigkeit nähert. Alle im Sonnensystem anzutreffenden Gravitationsfelder, selbst die in der Nähe

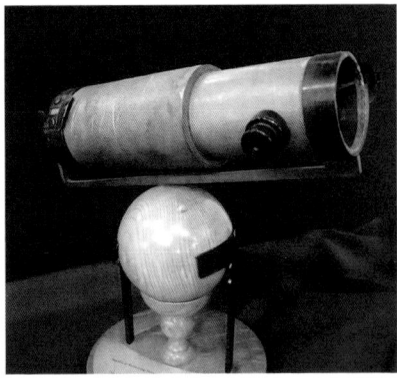

der Sonne, sind nach dieser Definition schwach. Bei niedrigen Geschwindigkeiten und in schwachen Gravitationsfeldern stimmen die Vorhersagen der allgemeinen und speziellen Relativität mit der Alltagserfahrung und der Newtonschen Physik überein.

Einstein hatte großen Respekt vor Newtons Errungenschaften. Er schrieb über ihn: „In einer Person kombinierte er den Experimentator, den Theoretiker, den Mechaniker und nicht zuletzt den Künstler in der Ausstellung. Er steht stark, sicher und allgegenwärtig vor uns: Seine Schöpfungsfreude und seine minutiöse Präzision werden in jedem Wort und in jeder Figur deutlich."

Ja, Newton hat sich geirrt, aber soweit man wissen konnte, hatte er zu seiner Zeit recht; und ja, Einstein hat im Moment recht, aber eines Tages kann sich auch seine Theorie als falsch erweisen, wenn eine tiefere Wahrheit entdeckt wird. Wie wir sehen werden, ist selbst die allgemeine Relativität nicht die ganze Geschichte. An den Extremen des Kosmos, an Orten wie Schwarzen Löchern, an denen sich die Fluchtgeschwindigkeit nicht nur annähert, sondern die Lichtgeschwindigkeit überschreitet, beginnt Einstein zu versagen.

Die allgemeine Relativitätstheorie bricht auch auf den subatomaren Skalen zusammen, auf denen wir den Quantenbereich betreten. Wie Newton vor ihm kann Einstein eines Tages als weiterer Schritt auf dem Weg zu einem umfassenderen Verständnis der Funktionsweise des Universums gesehen werden. Für den Moment zeigt jedoch jeder Test, den wir geprüft haben, sehr stark, dass die allgemeine Relativitätstheorie die Art und Weise widerspiegelt, in der die Natur zu funktionieren scheint. Es wurde festgestellt, dass die Gleichheit der allgemeinen Theorie zwischen der Schwerkraft und der Trägheitsmasse bis auf ⅒ Billionen genau ist, was dem entspricht, was wir mit heutigen Geräten berechnen können. In der allgemeinen Relativitätstheorie sind keine Risse zu beobachten, in die wir eine neue Theorie einschieben könnten. Allgemeine Relativitätstheorie ist die Aufgabe, das Universum zu erklären. Aber vor 200 Jahren sagten sie dasselbe über das Newtonsche Gravitationsgesetz!

Der französische Philosoph Claude Lévi-Strauss hat es so formuliert: „Der Wissenschaftler ist keine Person, die die richtigen Antworten gibt, er stellt die richtigen Fragen."

Fluchtgeschwindigkeit

Die Idee der Fluchtgeschwindigkeit entsprang einer Studie der Newtonschen Gesetze. Die Fluchtgeschwindigkeit ignoriert komplizierte Faktoren wie den Luftwiderstand und ist die Geschwindigkeit, die ein Objekt erreichen müsste, um der Anziehungskraft eines Planeten zu entkommen und weiter in den Weltraum zu gelangen. Zum Beispiel beträgt die Fluchtgeschwindigkeit von der Erde an der Oberfläche etwa 11,2 km/s. Als bekannt wurde, dass Licht eine begrenzte Geschwindigkeit hat, stellte der Physiker John Michell 1783 eine interessante Frage: Könnten wir nicht theoretisch ein sehr kleines, aber sehr massives Objekt haben, mit einer Fluchtgeschwindigkeit, die so hoch ist, dass das Licht nicht entkommen kann? Wenn dies so wäre, sagte Michell, dann könnten die massivsten Objekte im Universum dunkel sein. Dies könnte der erste Hinweis auf das Phänomen sein, das jetzt als „Schwarzes Loch" bezeichnet wird.

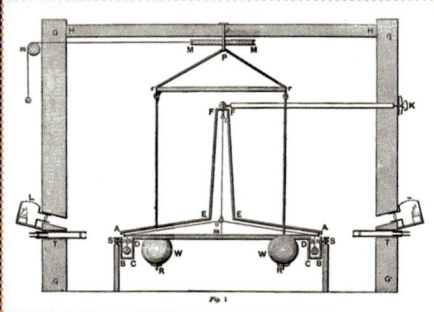

Kapitel 16

Warum gewann Einstein keinen Nobelpreis für seine Relativitätstheorie?

Politik der Zeit – die Vorurteile und besonderen Interessen des Nobelpreiskomitees.

Als Albert Einstein seine bahnbrechenden Arbeiten über die Natur des Raums, des Lichts, der Bewegung und des atomaren Bereichs 1905 veröffentlichte, war er ein 26 Jahre alter Patentamtsangestellter, der außerhalb seines unmittelbaren Umfelds kaum bekannt war. In Widerspruch zu akzeptierten Normen veröffentlichte Einstein seine Arbeit zur speziellen Relativität, ohne sich auf andere Argumente zu beziehen. Alle anderen wissenschaftlichen Veröffentlichungen hatten Arbeiten von anderen Wissenschaftlern zitiert, aber Einstein war sich nicht wirklich bewusst, dass jemand in die gleiche Richtung gedacht hätte wie er. Er erkannte eher zögerlich an, dass die Schritte, die andere unternommen hatten, um die Ergebnisse des Michelson-Morley-Experiments zu erklären, Einfluss auf sein Denken hatten.

Einstein war enttäuscht von der mäßigen Reaktion auf die spezielle Relativitätstheorie. Der erste Aufsatz über die spezielle Relativitätstheorie, der nicht von Einstein stammt, wurde 1908 von Max Planck verfasst, und es war größtenteils der Bedeutung von Planck – im Gegensatz zu der eines technischen Sachverständigen der dritten Klasse des Berner Patentamts –

zu verdanken, dass die Akzeptanz der Relativitätstheorie zu wachsen begann. Ebenfalls 1908 veröffentlichte Hermann Minkowski ein wichtiges Dokument zur Relativitätstheorie und zeigte, dass die Newtonsche Gravitationstheorie nicht mit der Relativitätstheorie übereinstimmte.

Hendrick Lorentz, der versucht hatte, das Ergebnis des Michelson-Morley-Experiments zu erklären, indem er vorschlug, dass sich Gegenstände zusammenziehen, während sie sich durch den Äther bewegen, schien Einsteins Schlussfolgerungen niemals zu akzeptieren, obwohl sie einige seiner eigenen Gedanken enthielten. Er hielt im Jahr 1913 einen Vortrag, in dem er bemerkte, was er herausgefunden hatte:

> *„Eine gewisse Befriedigung in der älteren Interpretation, nach der ... Raum und Zeit scharf voneinander getrennt werden können ... Abschließend sei darauf hingewiesen, dass die gewagte Behauptung, dass man niemals größere Geschwindigkeiten als die Lichtgeschwindigkeit beobachten kann, eine hypothetische Einschränkung von dem ist, was uns zugänglich ist, eine Einschränkung, die nicht ohne Vorbehalt akzeptiert werden kann."*

Trotzdem wurden Lorentz und Einstein gemeinsam für den Nobelpreis für Physik von 1912 für ihre besondere Relativitätstheorie vorgeschlagen. Antragsteller war der deutsche Physiker Wilhelm Wein, der im Jahr davor den Preis für seine Entdeckung des Protons gewonnen hatte.

Und die Auszeichnung geht an ...

In dem Zitat für Einsteins Nobelpreis heißt es: „Der Nobelpreis für Physik 1921 wurde Albert Einstein für seine Verdienste in der Theoretischen Physik und insbesondere für seine Entdeckung des Gesetzes des fotoelektrischen Effekts verliehen." Die Entdeckung des fotoelektrischen Effekts war in der Tat wichtig und hatte tief greifende Folgen, aber waren die spezielle und allgemeine Relativitätstheorie nicht relevanter?

Nominierungen für den Nobelpreis werden von einem fünfköpfigen (und damals ausschließlich männlichen) Ausschuss geprüft, der von der Schwedischen Akademie in Stockholm nominiert wurde. Sie können vom Preiskomitee von früheren Nobelpreisträgern empfangen werden (jeder kann für jeden Bereich, nur nicht für seinen eigenen nominieren), und damals fast ausschließlich von Professoren aus nordischen und deutschsprachigen Ländern. In den zehn Jahren vor 1921 wurde Einstein wiederholt nominiert. Zwei besondere Mitglieder des Ausschusses wurden ausgewählt, um über seine Preiswürdigkeit Bericht zu erstatten, und sie empfahlen wiederholt, ihm nicht zu verleihen. Eines dieser Mitglieder war der Chemiepreisträger von 1903 – Svante Arrhenius. Er war einer der Begründer

der physikalischen Chemie. Arrhenius, selbst Physiker, war von Einstein und seiner Arbeit über die Brownsche Bewegung beeindruckt und hielt sie sogar für nobelpreisverdächtig. Er argumentierte, dass es seltsam sein würde, den Preis für die Brownsche Bewegung zu vergeben, da Einsteins andere Arbeit sie übertraf, aber andererseits konnte er ihn nicht für das spätere Werk nominieren, da er dies als noch experimentell unbewiesen ansah.

Allvar Gullstrand, Gewinner des Medizinpreises von 1911, war das Mitglied der Physikkommission, das sich am vehementesten gegen die Verleihung des Nobelpreises an Einstein ausgesprochen hatte. Gullstrands Spezialität war die Optik des Auges und seine Interessen lagen in der theoretischen Optik.

Viele Kritiker von Einstein haben einfach die allgemeine Relativitätstheorie nicht verstanden, aber das traf auf Gullstrand nicht zu. Er beanstandete den theoretischen, nicht experimentellen Ansatz, den Einstein verfolgt hatte. Wie Arrhenius argumentierte er, dass nur wenige experimentelle Beweise für die spezielle Relativitätstheorie vorhanden seien. Er bemerkte einmal bei einem Freund, dass Einstein „niemals den Nobelpreis erhalten darf, auch wenn die ganze Welt es verlangt".

Gullstrand argumentierte wie Arrhenius, es gebe wenig empirische Beweise für eine spezielle Relativität. Die allgemeine Relativitätstheorie hatte ihre drei berühmten Tests, aber einer davon, die gravitationsbedingte Rotverschiebung der Sonne, wurde von den meisten Experten bis 1922 für ungünstig befunden. Der Bericht des Nobelpreiskomitees für 1917 verweist zustimmend auf Einsteins Arbeit, erwähnt aber auch die Tatsache, dass Messungen, die am Mount Wilson Observatory in Kalifornien durchgeführt 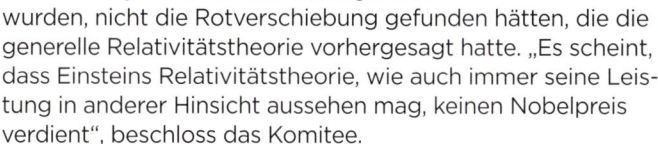 wurden, nicht die Rotverschiebung gefunden hätten, die die generelle Relativitätstheorie vorhergesagt hatte. „Es scheint, dass Einsteins Relativitätstheorie, wie auch immer seine Leistung in anderer Hinsicht aussehen mag, keinen Nobelpreis verdient", beschloss das Komitee.

Dass die Rotverschiebung ein echtes Phänomen ist, wurde in den 1960er-Jahren durch Laborversuche an der Harvard University bestätigt. Ein weiterer Test der allgemeinen Relativitätstheorie, die Beugung des Lichts durch die Sonne, wurde trotz der Ergebnisse der Expedition von Arthur Eddington (1919) weithin bestritten.

Der größte nachweisbare Erfolg der Relativitätstheorie, entweder speziell oder allgemein, war Einsteins Erklärung von Anomalien im Merkurorbit, die von der Newtonschen Mechanik nicht erklärt werden konnten. Einstein hatte gezeigt, dass seine Theorie eine Perihelverschiebung vorhersagte, eine Änderung des Punktes in seiner Umlaufbahn, an dem Merkur der Sonne am nächsten kam, was genau mit dem beobachteten Effekt übereinstimmte.

Gullstrand behauptete, dass Einstein die Berechnung gefälscht habe, um dem Ergebnis zu entsprechen, und dass Einsteins Theorie mit jedem Ergebnis übereinstimmen könnte, das man sich für ein bestimmtes Problem wünscht, was aber nicht wirklich wahr ist. Interessanterweise stieß Gullstrand beim Versuch, die Absurdität der Relativitätstheorie zu demonstrieren, zufällig auf eine sehr wichtige Konsequenz: den Standpunkt eines Beobachters, der in ein Schwarzes Loch fällt. Seine Vorstellung von einem Schwarzen Loch war eine, in der der Raum, sobald er sich innerhalb des Ereignishorizonts befand, schneller als das Licht in Richtung der Singularität gezogen wurde.

Nominierungen für Einstein für den Preis von 1920 gab es nach Bekanntwerden der Ergebnisse von Eddington zahlreich, sie wurden jedoch vom Ausschuss nicht gut angenommen. Dem Wissenschaftshistoriker Robert Friedman zufolge wollte das Komitee keinen „politischen und intellektuellen Radikalen, der – wie es heißt – keine Experimente durchgeführt hat, die sich als der Gipfel der Physik erwiesen haben".

Der Preis von 1920 wurde dem Schweizer Physiker Charles-Edouard Guillaume für seine Entdeckung einer inerten Nickelstahllegierung verliehen. Als die Ankündigung gemacht wurde, war der zuvor unbekannte Guillaume laut Friedman „genauso überrascht wie der Rest der Welt".

Einstein, der Promi

Anfang der Zwanzigerjahre, nachdem Eddington die Beugung des Lichts durch die Schwerkraft bestätigt hatte, wurde Einstein zu einer Art widerwilliger Berühmtheit. Er war immer sehr charmant und geduldig im Umgang mit Menschen, und er wurde wegen seiner Meinungen zu allen möglichen Dingen aufgesucht, aber er fühlte sich viel wohler, wenn er sich seiner Arbeit widmen konnte. Nur wenige verstanden, worum es bei der Relativitätstheorie ging, aber jeder, so schien es, wollte darüber sprechen. Es brauchte sehr viele Worte, um die Prinzipien der allgemeinen Relativitätstheorie einem Laienpublikum zu erklären – mit unterschiedlichem Erfolg. In den 1920er-Jahren veröffentlichte der Journalist Alexander Moszkowski, ein deutsch-jüdischer Satiriker, ein Gesprächsbuch mit Einstein, in dem er die Leidenschaft der Öffentlichkeit für die Relativitätstheorie kommentierte:

> *„In allen Ecken und Winkeln entstanden soziale Unterrichtsabende und Wanderuniversitäten erschienen mit umherziehenden Professoren, die die Menschen aus dem dreidimensionalen Elend des Alltags in die gastfreundlicheren Gefilde der Vierdimensionalität führten."*

Max Born war entsetzt, dass Einstein zugestimmt hatte, an dem Buch mitzuarbeiten, weil er befürchtete, es würde das antisemitische Gefühl gegen Einstein, das sich bereits bemerkbar machte, noch aufheizen. Eine wachsende Zahl deutscher Nationalisten hatte sich auf Einsteins Ideen als „jüdische Physik" bezogen. Einstein selbst behielt eine distanzierte Haltung bei. „Die ganze Angelegenheit ist für mich eine Gleichgültigkeit", sagte er, „ebenso wie die Aufregung und die Meinung jedes einzelnen Menschen. Ich werde alles, was mich erwartet, wie ein unbeteiligter Zuschauer erleben."

Die Macht des Atoms

Im Jahr 1920 wurde für Einstein nach einem Vortrag, den er in Prag hielt, von der Physikabteilung der Universität ein Empfang veranstaltet. Nach einigen begeisterten Reden wurde Einstein zur Antwort aufgefordert. Statt der erwarteten Rede verkündete Einstein: „Es wird vielleicht angenehmer und verständlicher, wenn ich statt einer Rede ein Stück auf der Geige für Sie spiele." Anschließend spielte er eine Sonate von Mozart in einer „bewegenden Art", wie es sein Freund Philipp Frank beschrieb. Am nächsten Tag, so Frank, kam ein junger Mann in Franks Büro auf Einstein zu. Auf der Grundlage von $E = mc^2$ bestand der Mann darauf, es sei möglich, die im Atom enthaltene Energie zur Herstellung von schrecklichen Sprengstoffen zu verwenden. Einstein wies ihn ab und erklärte die Idee für dumm.

Den Preis gewinnen

Obwohl Einstein 1921 erneut nominiert wurde, blockierte Gullstrand dies ebenfalls und überzeugte das Nobelpreis-Komitee des Physikbereichs davon, dass keine der Nominierungen des Jahres die im Willen von Alfred Nobel festgelegten Kriterien erfüllte. Nach den Statuten der Nobelstiftung kann der Nobelpreis in solchen Fällen bis zum nächsten Jahr zurückgestellt werden, und genau das ist geschehen.

Die Verschiebung von 1921 bedeutete, dass 1922 zwei Preise verliehen werden konnten. Wie schon in den vergangenen zwei Jahren erhielt Einstein viele Nominierungen für die Relativitätstheorie. In diesem Jahr gab es jedoch auch eine Nominierung für seine

Arbeit zum fotoelektrischen Effekt. Die Nominierung stammte von Carl Wilhelm Oseen, einem schwedischen theoretischen Physiker. Oseen wollte, dass der Ausschuss den fotoelektrischen Effekt als grundlegendes Naturgesetz und nicht nur als Theorie anerkennt. Er tat dies nicht so sehr, um Einstein zu unterstützen, sondern eher wegen Niels Bohrs Arbeit. Bohr hatte eine neue Quantentheorie des Atoms vorgeschlagen, die laut Oseen „die schönste aller schönen" Ideen in der neueren theoretischen Physik war. In seinem Bericht an das Komitee erreichte Oseen sein Ziel, indem er die enge Verbindung zwischen Einsteins fotoelektrischem Effekt und Bohrs neuer Beschreibung des Atoms übertrieben hervorhob.

Das Komitee wurde überzeugt und am 10. November 1922 erhielt Bohr den Preis von 1922 und der verzögerte Preis von 1921 ging an Einstein. Einstein, auf dem Weg nach Japan, als er die Nachrichten hörte, nahm an der offiziellen Zeremonie nicht teil und erhielt seinen Preis erst im folgenden Jahr. Einstein hatte versprochen, dass der Geldpreis einmal an seine Söhne gehen solle. Seine ehemalige Frau Mileva Maric durfte so lange von den Zinsen Gebrauch machen, und so wurde das Preisgeld ordnungsgemäß an Maric übertragen.

Kapitel 17

Was war Einsteins größter Fehler?

Einstein führte einen neuen Faktor in die Relativitäts-theorie ein, um die Theorie an das Universum anzupassen, wie er es für richtig hielt – aber war das wirklich sein größter Fehler?

Es lohnt sich, sich daran zu erinnern, für wie groß man das Universum hielt, als Einstein seine allgemeine Relativitätstheorie veröffentlichte. Zu dieser Zeit glaubten die meisten Menschen, die Milchstraßengalaxie sei das gesamte Universum und es gebe nichts darüber hinaus. Die Beweise sammelten sich gerade erst an, dass das Universum viel, viel größer war, als man sich bisher vorgestellt hatte, und es begannen Debatten darüber, ob einige Objekte im Weltraum außerhalb der Milchstraße liegen könnten oder nicht.

1923 schlichtete Edwin Hubble den Streit, als er das damals mächtigste Teleskop, das Hooker-Teleskop am Mount-Wilson-Observatorium in Kalifornien, verwendete, um Sterne im Andromeda-Nebel zu erkennen.

Er schätzte ihre Entfernung auf 800 000 Lichtjahre (eine Unterschätzung von rund 1,2 Millionen, wie sich herausstellte). Andromeda war eine Galaxie für sich, die sich deutlich von unserer Milchstraße unterscheidet. Hubble fuhr fort, andere Galaxien zu finden, die sogar noch weiter entfernt waren. Ein Bild entstand von einem unvorstellbaren Universum, das sich über Milliarden Lichtjahre erstreckte und hundert Milliarden Galaxien enthielt, die jeweils rund hundert Milliarden Sterne enthielten. Wir sind in der Tat weit davon entfernt, das Zentrum der Schöpfung zu sein.

Egal wie groß es wurde, man hatte eine andere Vorstellung vom Universum, nämlich dass es statisch sei – niemand glaubte, dass es sich erweitern oder zusammenziehen könnte.

Doppler-Rotverschiebung

Die Rotverschiebung, die Hubble in den fernen Galaxien sah, war keine gravitative Rotverschiebung. Dies war eine andere Art von Verschiebung, die durch den Doppler-Effekt verursacht wurde. Sie haben es schon mit Schallwellen gehört. Wenn ein Polizeiauto an Ihnen vorbeirast, mit heulenden Sirenen, sinkt die Tonhöhe der Sirene, je weiter sie sich von Ihnen entfernt. Dies liegt daran, dass aufeinanderfolgende Schallwellen länger brauchen, um Sie zu erreichen, was sich wie eine Senkung der Tonhöhe anhört. Wenn es sich Ihnen nähert, passiert das Gegenteil – aufeinanderfolgende Schallwellen erreichen Sie schneller und die Tonhöhe steigt. Ein ähnlicher Effekt gilt für Licht, das von sich bewegenden Objekten emittiert wird. Statt einer Tonhöhenänderung wird jedoch die Wellenlänge des Lichts in Richtung des roten Spektrums verschoben (Rotverschiebung), wenn sich das Objekt wegbewegt in Richtung des blauen Endes (Blauverschiebung), kommt es auf Sie zu.

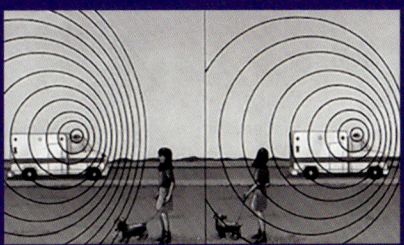

Im Jahr 1929 wurde Hubble über Nacht berühmt, als er eine weitere bahnbrechende Entdeckung machte.

Das von den fernen Galaxien zu uns kommende Licht wird in Richtung des roten Endes des elektromagnetischen Spektrums verschoben (Rotverschiebung, siehe Kasten S. 123), was darauf hinweist, dass sich diese Galaxien von unserem Sonnensystem entfernen. Je weiter sie von uns weg sind, desto schneller ziehen sie sich zurück. Diejenigen, die doppelt so weit sind, entfernen sich ungefähr doppelt so schnell. Die beste Erklärung dafür war, dass das Universum expandiert.

Die kosmologische Konstante

Einsteins allgemeine Theorie erlaubte sicherlich die Vorstellung, dass das Universum entweder expandieren oder schrumpfen könnte. Auf das gesamte Universum angewendet, fordern die Gleichungen der allgemeinen Relativitätstheorie, dass sich die Größe des Universums ändert. Die allgemeine Relativitätstheorie gilt nicht für ein statisches Universum – es könnte nicht existieren, da die Krümmung der Raumzeit durch die Materie letztendlich dazu führen würde, dass das Universum in sich zusammenbricht. Wenn das Universum weder statisch noch kollabierend war, musste es sich erweitern. Aber Einstein, in Übereinstimmung mit allen anderen damals, hielt das für weit hergeholt. Seine Sorge war, dass das Universum logischerweise von irgendwoher expandieren musste, wenn es sich ausdehnte. Zu einem entfernten Zeitpunkt muss das Universum als einzelner Punkt begonnen haben, der Raum und Zeit enthält.

Kosmologische Rotverschiebung

Die Dopplerverschiebung hängt von der Bewegung des Objekts ab, wenn es Energie abgibt. Die kosmologische Rotverschiebung ist etwas anders. Die Wellenlänge, bei der das Licht ursprünglich emittiert wurde, wird auf ihrem Weg durch den sich ausdehnenden Raum gestreckt. Die kosmologische Rotverschiebung resultiert aus der Ausdehnung des Raumes selbst und nicht aus der Bewegung des Objekts, das das Licht erzeugt hat. Je länger die Reise des Lichts durch das sich ausdehnende Universum geht, desto länger wird es gedehnt und desto größer ist die Rotverschiebung.

Einstein hielt dies für eine unsinnige Idee und führte 1917 einen Begriff namens „kosmologische Konstante" in seine Gleichungen ein. Dies war eine abstoßende Kraft, die die Anziehungskraft der Schwerkraft kompensierte und die Expansion oder Kontraktion des Universums verhinderte. Einstein war mit dieser Ergänzung nicht sehr zufrieden und gab zu, dass dies „nicht durch unsere tatsächliche Kenntnis der Gravitation gerechtfertigt" sei.

Edwin Hubbles Entdeckung der Rotverschiebung weit entfernter Galaxien konnte jedoch nicht bestritten werden. Er hatte gezeigt, dass sich das Universum wirklich ausdehnte, und dies wurde in der Presse als Herausforderung für Einsteins Theorien beschrieben. Einstein gab seinen Fehler gerne zu und entfernte die kosmologische Konstante aus seinen Gleichungen – er war froh, dass sie letztendlich doch nicht nötig war. Er beschrieb die Astronomen auf dem Mount Wilson als „herausragend" und schrieb seinem Freund Michele Besso, dass die Situation „wirklich aufregend" sei. Es ist schade, dass Einstein seinen ursprünglichen Gleichungen nicht vertraut hatte. Hätte er das getan, hätte er das expandierende Universum ein Jahrzehnt früher vorhergesagt, bevor Hubble es bestätigte. Arthur Eddington und andere wiesen darauf hin, dass die kosmologische Konstante auf keinen Fall funktioniert hätte, da das Universum in solch einem heiklen Gleichgewicht hätte stehen müssen, dass die kleinste Störung eine unkontrollierte Expansion oder Kontraktion ausgelöst hätte.

Warum bricht der Kosmos nicht zusammen?

Einige der Probleme, mit denen die Astronomen und Physiker des frühen 20. Jahrhunderts konfrontiert waren, sind bereits vor über 200 Jahren diskutiert worden. Im Jahr 1692 erhielt Newton einen Brief von Pastor Richard Bentley. Angenommen, das Universum sei unendlich, sagte Bentley, wovon viele ausgehen, dann würde jeder Teil des Universums die Anziehungskraft der Schwerkraft spüren, und deshalb sollte es in sich zusammenfallen?

Newton versuchte, dieses Rätsel zu erklären, indem er argumentierte, dass, wenn die Sterne gleichmäßig im Raum verteilt wären, die Schwerkraft in alle Richtungen gleich wäre und ein Gleichgewicht erhalten würde. Er merkte schnell, dass dies nicht der Fall war – die kleinste Bewegung eines Sterns würde das Gleichgewicht stören und das gesamte kosmische Gebilde würde zusammenbrechen.

Newton und Bentley hatten einen großen Fehler begangen – die Sterne sind nicht feststehend. (Es war zum Teil die Vorstellung der „Fixsterne", die Newton dazu brachte, seine Ideen über den absoluten Raum zu entwickeln.) Es war Edmund Halley, der zuerst beobachtete, dass sich einige Sterne von den für sie auf griechischen Sternenkarten erfassten Positionen verschoben hatten.

Olberssches Paradoxon – warum ist der Himmel nicht voller Sterne?

Halley wies auf ein anderes Problem eines unendlichen Universums hin. Wenn das Universum unendlich wäre, müsste überall dort, wo Sie hinschauen, ein Stern sein – der gesamte Himmel sollte so hell strahlen wie die Sonne!

Offensichtlich war es nicht so – eine Beobachtung, die Kepler zu dem Schluss gebracht hatte, dass das Universum nicht unendlich groß sein könne. Das Problem wurde nach dem deutschen Astronomen Heinrich Olbers (1758 bis 1840) als Olberssches Paradox bekannt. Er nahm an, dass Staubwolken zwischen den Sternen sein müssten, von denen einige aus unserer Sicht verborgen seien. Aber auch diese Lösung war fehlerhaft. Im Laufe der Zeit würde

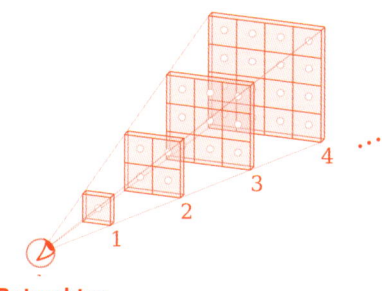

Betrachter

die Energie der entfernten Sterne die Wolken aufheizen, bis sie glühten und der Himmel mit Licht erfüllt sein würde. Die Antwort auf das Problem war die Entdeckung von Edwin Hubble, dass das Universum sich ausdehnt. Das am weitesten entfernte Licht hatte keine Zeit gehabt, um uns zu erreichen – und wird dies vielleicht auch nie tun. Das Universum ist dunkel, weil es mit einem Knall angefangen hat.

Sein größter Fehler?

Es ist eine oft wiederholte Geschichte, dass Einstein die kosmologische Konstante seinen „größten Fehler" nannte. Aber hat er das wirklich gesagt? Es war der Physiker George Gamow, der berichtete, dass Einstein den Ausdruck verwendet habe, aber es gibt keinen Beweis dafür, dass er es jemals getan hat – er ist auch in keiner seiner Schriften aufgetaucht.

Es gab einen Fehler, den Einstein wirklich bereute, wie wir sehen werden. Nach einem Besuch bei Einstein in Princeton am 16. November 1954 schrieb Linus Pauling in sein Tagebuch: „Er sagte, er habe einen großen Fehler begangen – als er den Brief an Präsident Roosevelt unterschrieb, in dem er die Herstellung von Atombomben empfiehlt."

Die Rückkehr der kosmologischen Konstante

In den späten 1990er-Jahren machten Kosmologen eine erstaunliche Entdeckung – das Universum expandiert nicht nur, es expandiert immer schneller.

Die Ursache dieser beschleunigten Expansion ist ein Rätsel – Wissenschaftler beziehen sich auf eine „dunkle Energie", die hier wirkt. Die meisten Beobachtungen stützen die Vorstellung, dass sich diese dunkle Energie wie Einsteins „kosmologische

Konstante" verhält und viele Kosmologen sind daran interessiert, den Begriff wiederzubeleben. Eine Vermutung ist, dass Paare von sogenannten „virtuellen" Partikeln und Antiteilchen im leeren Raum ein- und ausgehen, ein Phänomen, das die Quantenmechanik zulässt. Die von diesen Partikeln getragene Energie könnte eine abstoßende Kraft ausüben, die alles im Universum nach außen drückt. Die kosmologische Konstante, weit davon entfernt, ein Fehler zu sein, könnte dazu führen, dass Wissenschaftler neu beurteilen müssen, was sie für die Kosmologie, die Teilchenphysik und die fundamentalen Kräfte der Natur halten.

Einsteins Umschlag

Auf seiner zweiten Reise in die Vereinigten Staaten, 1931, besuchte Einstein zusammen mit Edwin Hubble das Mount Wilson Observatory. Dort trafen sie den inzwischen gebrechlichen und älteren Albert Michelson vom Michelson-Morley-Experiment. Einsteins Frau, Elsa, begleitete ihn, und als das Teleskop demonstriert wurde, wurde ihr klar, dass es benutzt worden war, um die Größe und Form des Kosmos zu bestimmen. „Nun", antwortete sie, „mein Mann macht das auf der Rückseite eines alten Umschlags."

Kapitel 18

Wo bricht Einsteins Relativitätstheorie zusammen?

Was passiert mit der Relativitätstheorie an den extremsten Grenzen der Realität, innerhalb des Ereignishorizonts eines Schwarzen Lochs?

Die allgemeine Relativitätstheorie war ein unglaublich erfolgreiches Mittel, um neue Einblicke in unser Verständnis des Universums und seiner Funktionsweise zu erhalten. Aber genau wie bei Newton vor ihm gibt es Dinge, die Einstein nicht erklären kann. Je kompakter und massiver das Objekt ist, desto stärker ist der Einfluss der Schwerkraft. Die allgemeine Relativitätstheorie sagt das Vorhandensein von Schwarzen Löchern voraus, Regionen, in denen die Dichte der Materie so hoch ist, dass die Raumzeit stark gekrümmt und somit unendlich wird.

Die Schwerkraft ist in einem so tiefen Schwarzen Loch eingeschlossen, dass sich nichts von ihr lösen kann. Es ist wie ein Loch in der Raumzeit und nicht einmal Licht hat einen Raumzeitpfad, dem es folgen kann, um ihr zu entkommen.

Pulsare und Neutronensterne

Im Jahr 1967 bemerkte Jocelyn Bell, eine Studentin an der Universität Cambridge, etwas Ungewöhnliches bei ihren Beobachtungen mit dem Radioteleskop. Es schien ein schnell pulsierendes Signal von einem Punkt am Himmel zu sein. Sie schaute weiter und fand ein anderes, regelmäßig pulsierendes Signal. Einige Leute nahmen an, dies sei ein Zeichen für ein intelligentes Leben, und nannten sie LGMs (little green men/kleine grüne Männer).

Der amerikanische Astronom Thomas Gold fragte sich, ob es sich tatsächlich um Neutronensterne handelte. Astronomen hatten lange Zeit über die Existenz von Neutronensternen spekuliert. Sobald ihr Kernbrennstoff erschöpft ist, verglühen Sterne, die fünf- bis vierzigmal so groß sind wie unsere Sonne, in einer gigantischen Menge von Materie und Energie, die als Supernova bezeichnet wird, während die äußeren Schichten des Sterns in den Weltraum gesprengt werden. Wenn die Helligkeit des Sterns so dramatisch zunimmt, dass er die anderen Sterne im Weltraum überstrahlen könnte, bricht der Kern des Sterns zusammen. Innerhalb von Sekunden steigt die Kerndichte so stark an, dass die Elektronen und Protonen, aus denen er besteht, zu Neutronen zusammengedrückt werden und die Kernregion zu einem unglaublich dichten Kern aus Kernmaterial wird, wobei Billionen Tonnen von Material in jeden Kubikzentimeter eingepresst werden.

Ein Neutronenstern hat einen Durchmesser von nicht mehr als 20 km, aber seine Masse ist größer als die unserer Sonne. Wenn Sie einen Teelöffel Neutronenstern auf die Erde bringen könnten, würde er mehr als ein Berg wiegen. Wenn der Stern zusammenbricht,

dreht er sich schneller und schneller, wie eine Eiskunstläuferin auf dem Eis, die sich schneller dreht, indem sie ihre Arme und Beine näher an ihren Körper zieht. Der sich zusammenziehende Neutronenstern dreht sich möglicherweise einige hundert Mal pro Sekunde. Das Magnetfeld des Sterns wird konzentrierter und stärker. Elektronen innerhalb des Magnetfelds werden nahezu auf Lichtgeschwindigkeit beschleunigt und senden elektromagnetische Strahlen von den nördlichen und südlichen Polen des Sterns aus. Der Stern verhält sich jetzt wie ein kosmischer Leuchtturm mit zwei schmalen Strahlen elektromagnetischer Wellen, die in entgegengesetzte Richtungen zeigen. Wir können den Neutronenstern nur entdecken, wenn einer dieser Strahlen über die Erdoberfläche hinwegfegt und von Radioteleskopen entdeckt wird. Da solche Sterne zu pulsieren scheinen, wenn die Strahlenpunkte auf die Erde treffen, erhielten sie den Namen Pulsare.

Neutronensterne und insbesondere Pulsare sind ideale kosmische Laboratorien, um die allgemeine Relativitätstheorie zu testen. Die Schwerkraft eines kompakten, massiven Körpers wie eines Neutronensterns ist sehr stark und daher werden die Auswirkungen der allgemeinen Relativitätstheorie viel deutlicher. Zum Beispiel können binäre Systeme, bei denen ein Neutronenstern um einen gewöhnlichen Stern kreist, verwendet werden, um den Einfluss der Schwerkraft auf Licht präzise zu messen.

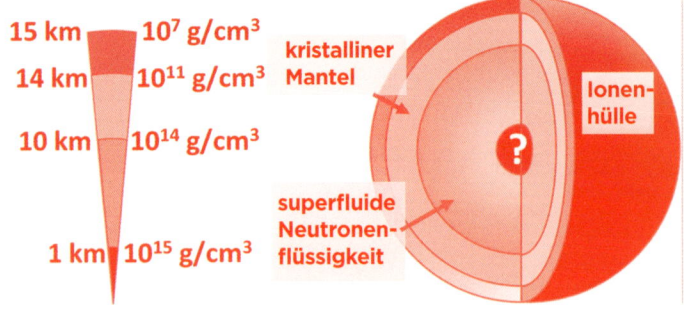

15 km | 10^7 g/cm³   **kristalliner Mantel**

14 km | 10^{11} g/cm³

10 km | 10^{14} g/cm³   **Ionen-hülle**

?

1 km | 10^{15} g/cm³   **superfluide Neutronen-flüssigkeit**

Schwarze Löcher

Was würde passieren, wenn ein Neutronenstern weiter zusammenbricht? 1928 berechnete der indische Astronom Subrahmanyan Chandrasekhar, dass, wenn ein Stern größer als eine bestimmte Größe wäre, die Stärke seiner Gravitationskraft größer wäre, als seine Atomteilchen ihr standhalten könnten. Der Stern würde einfach weiter zusammenbrechen, bis er einen einzigen Punkt bildete, eine Singularität, die die Raumzeit so weit verzerrte, dass nichts entweichen könnte, nicht einmal Licht. Er würde zu einem Schwarzen Loch im Weltall werden. Ein Schwarzes Loch ist kein physisches Objekt, es ist eher eine Region der Raumzeit mit sehr besonderen Eigenschaften. Die Grenze, die diese Region vom Rest des Universums trennt, wird als Ereignishorizont bezeichnet. Der Ereignishorizont ist eine

Einbahnstraße – Materie oder Energie kann von außen hinein-
gelangen, kommt aber nie wieder heraus. Daher kann ein Beobachter kein Licht aus einem Schwarzen Loch erkennen. Dies bedeutet, dass es unmöglich ist, eines direkt zu beobachten, aber
es ist möglich zu sehen, wie sich ein Schwarzes Loch auf seine
Umgebung auswirkt.

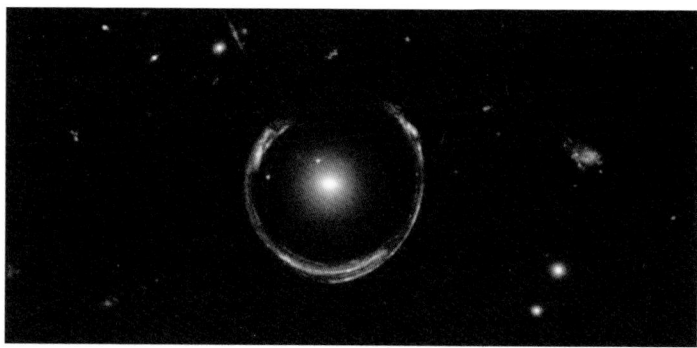

Das Licht von Sternen und Galaxien, die an einem Schwarzen
Loch vorbeiziehen, wird durch den Einfluss der Schwerkraft des
Schwarzen Lochs gebogen, ähnlich wie die Schwerkraft der
Sonne das durch sie gehende Sternenlicht biegt, jedoch in
einem viel größeren Ausmaß. Wenn ein Objekt und ein Schwarzes Loch in einer Linie aufeinander ausgerichtet sind, würde ein
Betrachter sehen, dass das Licht des Objekts gebogen wird, um
einen Ring um das Schwarze Loch zu bilden. Dieses Phänomen
wird als Einstein-Ring bezeichnet. Wenn der Stern auch nur geringfügig von der Ausrichtung abweicht, ist der Ring nicht zu
sehen und das Schwarze Loch viel schwieriger zu erkennen.

Astronomen müssen nach indirekten Methoden suchen, um
auf das Vorhandensein eines Schwarzen Lochs zu schließen,
beispielsweise unerwartete Bewegungen in der Nähe von Sternen. Wenn sich aus einem Stern, der Teil eines binären Systems
war, ein Schwarzes Loch bildet, kann es anfangen, Gase aus den
äußeren Schichten des benachbarten Sterns an sich zu ziehen.
Dieses Gas wirbelt um das Schwarze Loch herum und bildet
eine Akkretionsscheibe, die so hohe Temperaturen erreicht,

dass sie Röntgenstrahlen aussendet. Ein Neutronenstern kann eine ähnliche Wirkung haben, aber manchmal deuten Beobachtungen darauf hin, dass das Objekt zu kompakt ist, um ein Neutronenstern zu sein. In diesem Fall glauben Astronomen, dass sie ein gutes Argument dafür haben, ein Schwarzes Loch gefunden zu haben.

Nach unserem besten Wissen ist das nächstgelegene Schwarze Loch mehr als tausend Lichtjahre entfernt, ein Gedanke, der Ihnen vielleicht helfen könnte, ein wenig besser zu schlafen.

Was ist Singularität?

Eine der Konsequenzen von Einsteins Beschreibung der Schwerkraft in Bezug auf die Raumzeitkurven besteht darin, dass sie die Bildung von Singularitäten ermöglicht. Eine Singularität ist ein Punkt, an dem eine Eigenschaft unendlich ist. Zum Beispiel ist die Dichte des Materials in der Mitte eines Schwarzen Lochs unendlich, da die Masse des Sterns unter dem Einfluss der unendlichen Schwerkraft auf ein Volumen von null komprimiert wurde. In der Mitte eines Schwarzen Lochs hat die Raumzeit eine unendliche Krümmung, und Raum und Zeit existieren in keinem sinnbedeutenden Sinn mehr. Die Gesetze der Physik, wie wir sie kennen, brechen in ihrer Singularität einschließlich der Relativität zusammen. Es muss gesagt werden, dass Singularitäten für Einstein ein Widerspruch waren. Er glaubte, dass solche Unendlichkeiten in einer richtigen mathematischen Beschreibung des Universums keinen Platz hätten. Er argumentierte, dass Singularitäten in der Natur nicht auftreten könnten, „weil Materie nicht beliebig konzentriert werden kann, da sonst die konstituierenden Teilchen die Lichtgeschwindigkeit erreichen würden".

Wie groß ist ein Schwarzes Loch?

Ein Schwarzes Loch kann eine beliebige Größe haben. Schwarze Löcher, die sich bilden, wenn aus einem großen Stern eine Supernova wird, haben einen Radius von etwa 5 km. Galaktische Schwarze Löcher, die sich in den Kernen einiger Galaxien bilden, können eine Masse haben, die der von Millionen von Sternen entspricht, und sind größer als unser Sonnensystem. Am anderen Ende der Skala können kleine Schwarze Löcher, die im frühen Universum entstanden sind, kleiner als ein Sandkorn, aber so massiv wie Berge sein. Die äußere Grenze eines Schwarzen Lochs – sein Ereignishorizont – bildet sich an einem Punkt, der Schwarzschild-Radius genannt wird. Dies ist der Radius, unter dem die Anziehungskraft zwischen den Teilchen, aus denen ein Objekt besteht, so stark wird, dass ein irreversibler Zusammenbruch der Schwerkraft auftritt, aus dem ein Schwarzes Loch entsteht. Theoretisch kann alles ein Schwarzes Loch bilden, wenn man es stark genug zusammendrückt. Der Schwarzschild-Radius für einen durchschnittlichen Menschen beträgt etwa 10–23 cm – und ist kleiner als der Kern eines Atoms. Der Schwarzschildradius wurde 1916 von dem deutschen Astronomen Karl Schwarzschild entdeckt, als er Einsteins allgemeine Relativitätsgleichungen studierte. Innerhalb weniger Monate, nachdem Einstein seine Theorie veröffentlicht hatte, beschrieb Schwarzschild damit, wie sich die Raumzeit in der Nähe eines Kugelsterns verzerren würde.

Damals konnte Schwarzschild seine Ergebnisse nicht der preußischen Akademie vorlegen, weil er damit beschäftigt war, Flugbahnen für die Artillerie der deutschen Armee an der russischen Front zu berechnen, und schickte deshalb seine Arbeit an Einstein, der sie an seiner Stelle präsentierte.

Aufgrund der starken Verzerrung der Raumzeit treten am Ereignishorizont eines Schwarzen Lochs seltsame Effekte auf. Ein Beobachter, der sieht, wie jemand in Richtung Ereignishorizont fällt – wenn dies möglich wäre –, würde seine Uhren langsamer laufen sehen, bis am Ereignishorizont selbst die Zeit zu erstarren scheint.

Für die fallende Person wäre das Gegenteil der Fall: Sie würden die Zeit im Rest des Universums beschleunigen sehen und vielleicht sogar sein Ende miterleben, bevor der Ereignishorizont

Supermassive Schwarze Löcher

Wenn Sie dachten, die Vorstellung von einem gewöhnlichen Schwarzen Loch wäre erstaunlich genug, dann haben Sie noch nichts gesehen (na ja, konnten Sie ja auch nicht – es ist ein Schwarzes Loch ...). Nicht lange nach der Erfindung des Radioteleskops fanden Astronomen hochenergetische Radiogalaxien. Wie ein Neutronenstern schießen diese Strahlen aus hochenergetischen Teilchen in entgegengesetzte Richtungen, jedoch in weitaus größerem Maßstab. Wenn diese Strahlen mit Wolken intergalaktischen Gases interagieren, bewirken sie, dass sie Radiowellen aussenden, die von Teleskopen auf der Erde erfasst werden können. Es war klar, dass es nur eine mögliche Energiequelle gab: Materie, die auf eine kompakte Masse fiel und eine energiereiche Akkretionsscheibe bildete.

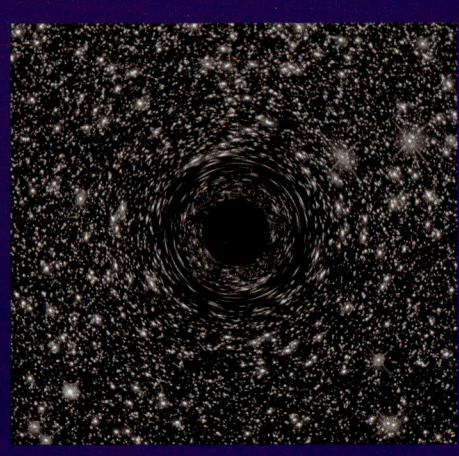

Diese war jedoch so groß, dass die zentrale Masse extrem massiv und extrem kompakt sein musste. Astronomen glauben heute, dass es sich um supermassive Schwarze Löcher handelt, die mehr als eine Million Mal so groß sind wie die Sonne und sich im Kern von Galaxien befinden, sogar in relativ geruhsamen wie unsere Milchstraße. Der derzeitige Supermassiv-Champion im Schwergewicht hat eine Masse von 21 Milliarden Sonnen, was auf jeder menschlichen Skala ziemlich unverständlich ist. Er ist im Coma-Galaxienhaufen zu finden, der aus über 1000 Galaxien besteht.

überschritten wird. Einstein selbst glaubte nicht, dass sich Schwarze Löcher bilden würden, aber andere Theoretiker zeigten, dass ein ausreichend massiver Stern am Ende seines Lebens unvermeidlich zusammenbrechen würde, um eine supermassive Singularität zu bilden, in der alle Gesetze der Physik, einschließlich die Einsteins, außer Kraft gesetzt würden.

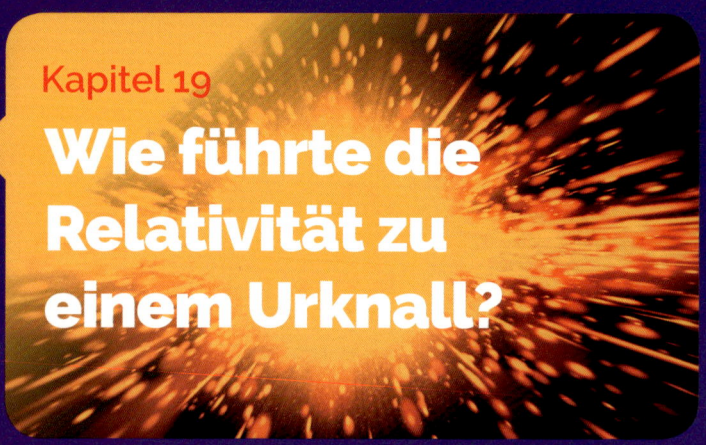

Kapitel 19

Wie führte die Relativität zu einem Urknall?

Die Relativitätstheorie besagt, dass das Universum nicht immer existiert hat, es gab einen Anfang.

Nachdem Einstein der Welt die allgemeine Relativitätstheorie vorgestellt hatte, versuchte eine Reihe von Wissenschaftlern, Einstein eingeschlossen, herauszufinden, wie die Theorie auf das Universum als Ganzes zutreffen würde. Zu dem Zeitpunkt erforderte dies, eine Vermutung darüber anzustellen, wie die Materie im Universum verteilt wurde: Wenn Sie erstens im Großen auf das Universum schauen, sieht es in jeder Richtung mehr oder weniger gleich aus, und zweitens sieht das Universum ebenfalls gleich aus, wo auch immer Sie sich in ihm befinden. Das heißt, die Materie im Universum ist homogen (überall gleich) und isotrop (in allen Richtungen gleich), wenn sie über sehr große Skalen gemittelt wird. Dies wird als kosmologisches Prinzip bezeichnet.

Ausgestattet mit Einsteins Beschreibung der Funktionsweise der Schwerkraft und einer Vorstellung davon, wie die Materie im Universum verteilt ist, können wir anfangen, ein Bild davon zu erstellen, wie sich das Universum im Laufe der Zeit entwickelt hat. Das Bild, das wir erhalten, ist eines, bei dem das Universum von null ausgeht. Wenn wir das expandierende Universum nehmen und es zurückdrehen, um seine Entwicklung in der Zeit zurückzuspulen, sehen wir die gesamte Materie, alle Energie, den gesamten Raum und die gesamte Zeit sich zu einem einzigen Punkt unendlicher Dichte und Schwerkraft und Nullgröße zusammenschließen – mit anderen Worten eine Singularität. An diesem Punkt brechen Einsteins Gleichungen, die Grundsteine seiner allgemeinen Theorie, die beschreiben, wie die Verzerrungen der Raumzeit die Materie und die darin eingebettete Energie beeinflussen,

zusammen – so wie sie in der Singularität eines Schwarzen Lochs auftreten. Aus welchem Grund auch immer, wir wissen nicht warum – aber alles, was das Universum heute ausmacht, hat sich von diesem Nullpunkt an erweitert, in einem Ereignis, das als Urknall bekannt wurde.

Wie hat alles angefangen?

Der Erste, der auf einen möglichen Beginn des expandierenden Universums hinwies, war ein belgischer Priester und Astronom namens Georges Henri Lemaître (1894–1966). Er brachte seine Idee eines „Ur-Atoms" Ende der 1920er-Jahre in einem berühmten Artikel mit dem Titel „Ein homogenes Universum mit konstanter Masse und wachsendem Radius als Erklärung für die Radialgeschwindigkeit der extragalaktischen Nebel" vor. Lemaître begann mit einer Lösung für Einsteins Gleichungen, die einem expandierenden Universum entspricht. Daraus schloss Lemaître die Tatsache, dass die Geschwindigkeit der fernen Galaxien proportional zu ihrer Entfernung ist – ein Befund, mit dem die Rotverschiebungsberechnungen von Hubble (siehe Seite 123) übereinstimmten. Lemaître wies darauf hin, dass in der fernen Vergangenheit die gesamte Masse im Universum zu einem einzigen Superatom zusammengefasst war. Laut Lemaître begann sich dieses Uratom wieder und wieder zu teilen, was schließlich dazu führte, dass alles, was wir heute sehen, entstand. Er benutzte nicht den Ausdruck „Urknall", aber er sprach von einem „Tag ohne Gestern". Lemaître traf Einstein zum ersten Mal im Oktober 1927 während des 5. Solvay-Physikkongresses in Brüssel. Einstein hatte Lemaîtres Artikel gelesen und sie diskutierten darüber. Einstein hatte keine Kritik in Bezug auf die Mathematik – Lemaîtres Werk war makellos –, widersprach jedoch seiner Interpretation und ging so weit, sie als „abscheulich" zu bezeichnen. Dies war – Pech für Lemaître – noch die Zeit, in der Einstein an der Idee eines statischen Universums und seiner kosmologischen Konstanten festhielt.

Als sie sich 1933 wieder trafen, war Einstein aufgeschlossener, nachdem er die kosmologische Konstante aufgegeben hatte. Er hatte die Vorstellung eines sich ausdehnenden Universums akzeptiert, nicht jedoch die einer anfänglichen Singularität. Er schlug vor, dass Lemaître sein Modell modifizierte, in der Hoffnung, dass die anfängliche Singularität vermieden werden könnte. Doch Lemaître zeigte bald, dass auch das überarbeitete Modell zu einer Singularität führte.

Ein abkühlendes Universum

Nach dem Zweiten Weltkrieg wiesen Ralph Alpher (siehe Bild) und George Gamow darauf hin, dass das Universum anfangs

aus einer heißen Suppe aus Atomteilchen bei einer Temperatur von mehreren Billionen Grad gebildet wurde. Diese Atomsuppe nannten sie „Urplasma". Dieses kühlte sich ab, als es expandierte, während seine Energie sich über immer größere Raumvolumina ausbreitete. Alpher und Gamow, der sein Doktorvater war, wollten beweisen, dass die Ausgangsbedingungen, die sie sich vorstellten, den unterschiedlichen Reichtum der Elemente im Universum erklären könnten. Einige Elemente wie Wasserstoff und Helium kommen häufiger vor, während andere Elemente wie Zinn und Gold viel seltener sind. Sie verbrachten mehrere Monate mit ihren Berechnungen und erarbeiteten die Auswirkungen des Temperaturabfalls und der Dichte, wenn das Universum sich ausdehnte.

Ihre Ergebnisse deuteten darauf hin, dass Wasserstoff und Helium die Elemente sind, die bei Weitem am häufigsten vorkommen, und dass es pro Heliumatom zehn Wasserstoffatome gibt. Dies war genau das Verhältnis, das von Astronomen bestimmt worden war. Im Jahr 1948 veröffentlichte Alpher, diesmal mit Robert Herman, einen Artikel, in dem sie voraussagten, dass Strahlung aus den frühen Anfängen des Universums noch nachweisbar sein sollte. Sie berechneten, dass diese „kosmische Hintergrundstrahlung", wie sie genannt wurde, eine Temperatur von etwa minus 268 °C haben würde. Sie wäre der letzte schwache Schein, der von dem unvorstellbaren Ausbruch der Energie, die das Universum hervorgebracht hatte, übrig geblieben war. Alpher versuchte die Astronomen zu überzeugen, diese Echos aus dem Anfang des Universums zu suchen. Leider gab es die Ausrüstung damals nicht, um ihre Theorie zu widerlegen oder zu verifizieren, und so wurde die Vorhersage fast 20 Jahre lang mehr oder weniger vergessen.

Im Jahr 1964 machten die US-amerikanischen Radioastronomen Arno Penzias und Robert Wilson die Entdeckung, die letztendlich den Ausschlag für die Urknalltheorie gab. Beim Testen eines astronomischen Mikrowellendetektors, der Holmdel-Horn-Antenne, wurde besorgt festgestellt, dass das Gerät Geräusche aus dem gesamten Himmel aufnahm. Zuerst dachten sie, dass Taubenkot eine Fehlfunktion verursacht haben könnte! Aber nachdem sie den Detektor gereinigt hatten – und die Tauben erschossen hatten! –, fanden sie heraus, dass der Lärm von außerhalb der Atmosphäre und aus allen Richtungen kam. Er variierte nie, egal zu welcher Tageszeit sie es versuchten.

Um diese Zeit herum planten die Physiker Bob Dicke und Jim Peebles ein Experiment, um die Ideen von Ralph

Was steckt hinter dem Namen?

Es half Alpher nicht gerade, dass sich damals viele Astronomen immer noch weigerten zu akzeptieren, dass das Universum tatsächlich einen Anfang hatte. Nicht lange danach, im Jahr 1950, hielt der britische Astronom Fred Hoyle einen Rundfunkvortrag über das Thema. Hoyle war ein erbitterter Gegner der sich ausdehnenden Universumstheorie und zog seine eigene Theorie vor, die er als „Steady State", stabiler Zustand, bezeichnete, in dem das Universum so bleibt, wie es immer aufgrund der fortwährenden Erzeugung von Materie gewesen ist. Er verspottete die Ideen von Leuten wie Alpher und Gamow und bezeichnete ihre Theorie als „Urknall". Der Begriff hat sich in den Vorstellungen der Menschen festgesetzt und von da an wurde die Idee, dass das Universum von einem Anfangspunkt aus startete, als „Urknall"-Theorie bezeichnet.

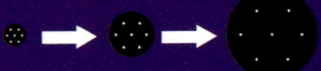

Evolutionstheorie:
Die Materiedichte nimmt mit der Zeit ab.

Steady-State-Theorie:
Die Materiedichte ist über die Zeit konstant.

Alpher zu testen, wonach es noch Spuren der Strahlung aus dem frühen Universum geben sollte. Sie erwarteten, dass das Licht der frühesten Sterne auf seiner epischen Reise durch das Universum eine so massive Rotverschiebung erfahre, dass es uns als Mikrowellenstrahlung erscheinen würde. Penzias und Wilson, die davon hörten, meldeten sich, um zu fragen, ob das, was sie selbst gefunden hatten, vielleicht genau das war, wonach Dicke und Peebles gesucht hatten. Dicke bestätigte, dass die geheimnisvollen Signale tatsächlich die kosmische Hintergrundstrahlung und damit der Beweis für den Urknall waren.

> *„Als wir dieses unerklärliche Summen zum ersten Mal hörten, haben wir seine Bedeutung nicht verstanden, und wir haben nicht im Traum daran gedacht, dass es mit den Ursprüngen des Universums zusammenhängen würde", sagte Penzias. „Erst als wir jede mögliche Erklärung für die Herkunft des Klangs erschöpft hatten, wurde uns klar, dass wir auf etwas Großes gestoßen waren."*

Es war nicht wirklich ein „Knall"

Der Urknall war keine plötzliche Explosion der gesamten Materie des Universums in den Weltraum. Vor dem Urknall gab es keinen Platz, in dem irgendetwas hätte explodieren können. Raum, Zeit und alles andere entstand mit dem Urknall. Es gibt kein „Zentrum", von dem aus alles erweitert wurde, und mit der besten Zeitmaschine, die Sie sich vorstellen können, könnten Sie immer noch nicht den Urknall beobachten. Es gibt keinen Aussichtspunkt, von dem aus Sie es sehen könnten. Der Urknall war ein Ausbruch von Raum und Zeit, der die gesamte Masse und Energie des Universums mit sich brachte. Das Universum umfasst definitionsgemäß den gesamten Raum und die Zeit, wie wir es kennen, weshalb unbeantwortbar ist und letztlich sinnlos, darüber zu spekulieren, worauf sich das Universum ausdehnt.

Was machen wir jetzt?

Seit wir festgestellt haben, dass wir uns in einem expandierenden Universum befinden, stellt sich die Frage: Was passiert als Nächstes? Das Schicksal des Universums hängt von der Balance zwischen der Expansionsrate, die durch einen als Hubble-Konstante bezeichneten Faktor ausgedrückt wird, und der Krümmung der Raumzeit durch die Schwerkraft ab, die durch die Menge an Materie im Universum bestimmt wird.

Es gibt drei Möglichkeiten. Erstens ist die Menge an Materie im Universum größer als die „kritische Dichte", wie Kosmologen dies nennen, und die Expansion wird durch die Schwerkraft verlangsamt, gestoppt und umgekehrt. Die Raumzeit beugt sich in sich wie ein vierdimensionaler kosmischer Wasserball und das Universum bricht schließlich in einem großen Kollaps zusammen. Zweitens ist die Dichte des Universums etwas geringer als die kritische Dichte. Das Universum expandiert weiter, jedoch mit immer langsamerer Geschwindigkeit. Drittens, und dies scheint das zu sein, was tatsächlich passiert, wird die Expansionsrate schneller. Die Kluft zwischen den Galaxien, die bereits unvorstellbar ist, wird immer größer.

Die Ergebnisse der WMAP-Raumsonde und die Beobachtungen der fernen Supernova deuten darauf hin, dass sich die Expansion des Universums tatsächlich beschleunigt, was die Existenz einer unbekannten, der Schwerkraft entgegenwirkenden Kraft impliziert, die manchmal als „dunkle Energie" bezeichnet wird. Die Existenz dieser Kraft erinnert sehr an Einsteins kosmologische Konstante.

Die Menge der Materie im Universum bestimmt auch ihre Geometrie. Wenn die Dichte des Universums größer ist als die kritische Dichte, ist die Geometrie des Weltalls geschlossen und wie eine Kugeloberfläche gekrümmt. Wenn die Dichte des Universums geringer ist als die kritische Dichte, dann ist die Geometrie des Weltalls offen (unendlich) und gekrümmt wie die Oberfläche eines Sattels. Wenn die Dichte des Universums genau der kritischen Dichte entspricht, ist die Geometrie des Universums flach wie ein Blatt Papier und unendlich groß.

Die gegenwärtige Auffassung sagt voraus, dass die Dichte des Universums sehr nahe an der kritischen Dichte liegt und dass daher die Geometrie des Universums flach ist. Falls Sie sich fragen, was die eigentliche kritische Dichte tatsächlich ist: Sie entspricht ungefähr sechs Wasserstoffatomen pro Kubikmeter – nicht wirklich viel, um das Schicksal eines Universums zu beeinflussen!

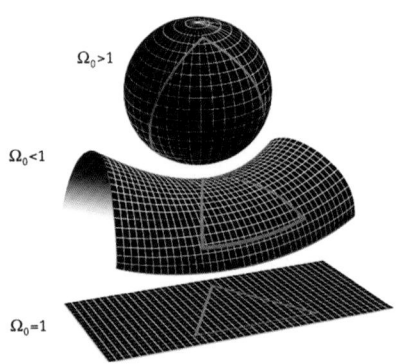

$\Omega_0 > 1$

$\Omega_0 < 1$

$\Omega_0 = 1$

Schneller als das Licht

Ob Sie es glauben oder nicht, einige Galaxien bewegen sich schneller voneinander weg als die Lichtgeschwindigkeit. Wie ist das möglich? Lag Einstein doch falsch?

Das Wichtigste ist, dass die Galaxien nicht alle chaotisch durch den Weltraum rauschen. Es ist das Universum, das sich ausdehnt, der Raum selbst wird größer und trägt die Galaxien mit sich. Obwohl es unmöglich ist, sich schneller als mit Lichtgeschwindigkeit durch den Weltraum zu bewegen, gilt die Regel nicht für den Weltraum selbst, und es ist tatsächlich möglich, dass die Abstände zwischen den Galaxien schneller ansteigen als die Lichtgeschwindigkeit.

Könnte es, sollte es?

Nach der allgemeinen Relativitätstheorie könnte der Beginn des Universums ein Urknall gewesen sein. Die Frage, die der Physiker Roger Penrose stellte, lautete: Hat die Relativitätstheorie vorausgesagt, dass es einen Urknall gegeben haben sollte? Denn zu sagen, etwas hätte passieren können, ist nicht dasselbe, als zu sagen, dass es so war.

Im Jahr 1965 brachte Penrose die Art, wie die allgemeine Relativitätstheorie das Verhalten von Lichtkegeln erklärt, in Verbindung mit der Tatsache, dass die Schwerkraft gerne genutzt wird, um mathematisch zu demonstrieren, dass sich ein unter seiner eigenen Schwerkraft kollabierender Stern schließlich in einem auf null schrumpfenden Raumbereich verfangen würde und innerhalb dieses Nullvolumens sind die Dichte der Materie

und die Krümmung der Raumzeit unendlich. Er bildet eine Schwarzes-Loch-Singularität.

Zur gleichen Zeit, als Penrose seinen Lehrsatz ausarbeitete, suchte Stephen Hawking nach einem Thema für seine Doktorarbeit. Er las die Arbeit von Penrose und erkannte, dass durch die Umkehrung der Zeitrichtung in der Theorie (wissenschaftlich eine durchaus gültige Sache) eine Erweiterung von null aus stattfindet anstatt auf null zu kollabieren. Penrose hatte gezeigt, dass ein kollabierender Stern in einer Singularität enden muss. Hawking hatte gezeigt, dass, wenn das aktuelle Modell eines expandierenden Universums korrekt war, es mit einer Singularität begonnen haben musste.

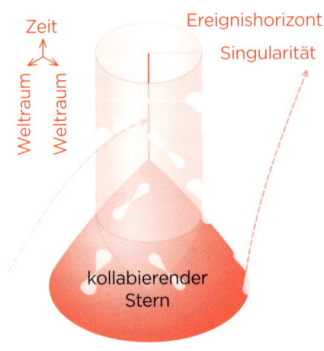

Penrose und Hawking produzierten 1970 einen gemeinsamen Artikel, der den mathematischen Beweis lieferte, dass die Beschreibung des Universums, die Einsteins allgemeine Relativitätstheorie geliefert hatte, richtig ist und dass das Universum, wenn es so viel Material enthält, wie wir es beobachten, mit einer Singularität angefangen haben muss.

Einsteins letzte Worte über den Urknall, die Jahre vor Hawking und Penrose geschrieben wurden, lauteten: „Man darf nicht die Gültigkeit der Gleichungen für eine sehr hohe Dichte von Feld und Materie annehmen, und der Anfang der Expansion muss nicht eine Singularität im mathematischen Sinne bedeuten."

Bislang hat Einsteins allgemeine Relativitätstheorie den Test der Zeit und des Experiments bestanden. Es gab nichts, was die Wissenschaftler an ihrer Gültigkeit als Methode, um das Universum zu erklären, so wie es jetzt ist, zweifeln ließ. Aber wir wissen, dass es ein unvollständiges Bild ist. Es kann nicht beschreiben, was am Anfang des Universums passierte, weil seine Theorie den Bruch aller physikalischen Gesetze, einschließlich sich selbst, in der Singularität vorhersagt. Es muss eine Zeit in der sehr frühen Geschichte des Universums gegeben haben, als die Ereignisse von den Regeln dieser anderen großen Säule der modernen Wissenschaft – der Quantenmechanik – beherrscht wurden.

Kapitel 20

Knobelt Gott mit dem Universum?

Neben der Relativitätstheorie schockte eine andere Theorie die Welt der Physik, die Quantenmechanik.

Im letzten Jahrhundert wurde die Physik von zwei großen Theorien über die Funktionsweise des Universums beherrscht. Die praktisch gleichzeitige Geburt der Max-Planck-Quantentheorie im Jahr 1900 und der Relativitätstheorie von Albert Einstein im Jahr 1905 markierte den Beginn einer Periode, in der die Grundlagen der physikalischen Theorie wieder aufgebaut wurden.

Einsteins allgemeine Relativitätstheorie arbeitet in großem Maßstab und beschreibt, wie die Schwerkraft das Universum von Raum und Zeit beeinflusst. Die Quantenmechanik beschreibt, wie das Universum auf kleinsten Skalen arbeitet, bis hin zu Atomen und noch kleiner. Das Quantenreich wird oft als eine Alice-im-Wunderland-Welt beschrieben, in der Ereignisse geheimnisvoll, unsicher und unerklärlich sind.

Beide Theorien funktionieren sehr gut. Sie wurden durch Beobachtungen und Experimente mit außerordentlicher Genauigkeit getestet, und jede von ihnen scheint das Universum so zu reflektieren, wie es wirklich ist. Das Problem der Physik besteht darin, dass sich die beiden Theorien nicht verbinden lassen.

Die Gesetze der Relativitätstheorie, die das Universum im großen Maßstab bestimmen, gelten nicht für den kleinen Maßstab der Quantenmechanik. Das Gegenteil ist auch richtig – die Quantenmechanik sagt nichts über die Bewegungen von Galaxien oder die Geometrie des Universums aus. Momentan gibt es keine Theorie, die die Schwerkraft mit der Quantenmechanik verbindet.

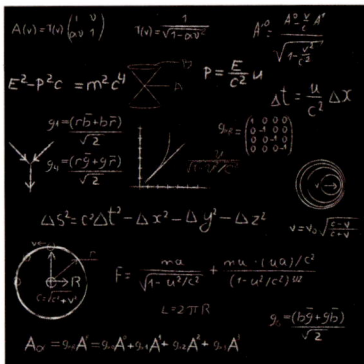

Planck und Einstein

Max Planck und Albert Einstein empfanden großen Respekt und Zuneigung füreinander. Anlässlich des 60. Geburtstags von Planck sprach Einstein von Plancks „unerschöpflicher Beharrlichkeit und Geduld", als er sich „den allgemeinsten Problemen unserer Wissenschaft widmete, ohne sich durch Ziele ablenken zu lassen, die rentabler und leichter zu erreichen sind. Ich habe oft gehört, dass die Kollegen diese Einstellung gern der außergewöhnlichen Willenskraft und der Disziplin zuschreiben möchten, das halte ich für völlig falsch. Der emotionale Zustand, der solche Errungenschaften ermöglicht, ist einer religiösen verliebten Person ähnlich, das tägliche Streben kommt nicht durch den Entwurf eines Programms, aber durch ein direktes Bedürfnis zustande." Dasselbe hätte wahrscheinlich über Einstein selbst gesagt werden können.

Bohrs Modell

1913 brachte Niels Bohr eine Theorie für die Struktur eines Atoms heraus, die auf den Ideen von Planck und Einstein über Quanten beruhte. Er wollte erklären, wie Atome Lichtquanten emittieren könnten und auch, warum Elektronen nicht spiralförmig in den Zellkern gezogen werden, wenn sie Energie verlie-

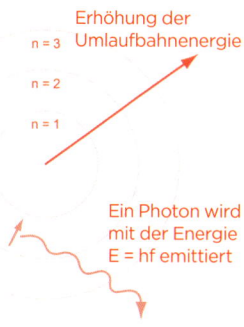

ren. Zu diesem Zweck vermutete er, dass die Elektronen in einem Atom einen festen Abstand zum Atomkern haben, der in Umlaufbahnen oder Schalen um das Atom angeordnet ist. Bohr erklärte mit seinem Modell, wie Elektronen von einer Umlaufbahn in eine andere springen können, indem sie Energie in festen Quanten emittieren oder absorbieren. Springt ein Elektron beispielsweise um eine Umlaufbahn näher an den Kern heran, muss es Energie abgeben, die der Differenz der Energien beider Umlaufbahnen entspricht. Um umgekehrt zu einer höheren Umlaufbahn zu gelangen, muss das Elektron ein Lichtquantum aufnehmen, dessen Energie gleich der Umlaufbahndifferenz ist.

Bohrs Theorie hatte jedoch Nachteile. Sie funktionierte gut bei der Beschreibung des einzelnen Elektrons des Wasserstoffatoms, aber sie kam bei größeren Atomen mit mehreren Elektronen in Schwierigkeiten, und die Zuweisung einer begrenzten Anzahl erlaubter Umlaufbahnen schien etwas willkürlich. Es sah aus wie eine Sackgasse. Die neue Theorie der Quantenmechanik würde diese Schwierigkeit lösen.

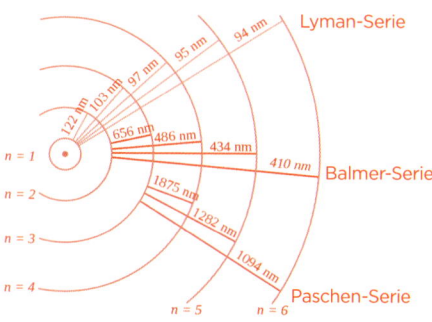

Noch einmal Wellen-Teilchen-Dualismus

Einstein hatte in seiner Beschreibung des fotoelektrischen Effekts gezeigt, dass Licht sowohl wellenartige als auch partikelartige Eigenschaften hat. In einem 1922 durchgeführten Experiment betonte der amerikanische Physiker Arthur Holly Compton die duale Welle-Teilchen-Natur elektromagnetischer Strahlung. Das Experiment beinhaltete das Senden eines Röntgenstrahls durch ein Zielmaterial. Compton beobachtete, dass ein kleiner Teil des Strahls unter verschiedenen Winkeln zu den Seiten abgelenkt wurde und die gestreuten Röntgenstrahlen längere Wellenlängen hatten als der ursprüngliche Strahl. Der Wechsel konnte nur erklärt werden, indem angenommen wurde, dass die Röntgenstrahlen Teilchen mit eigenständigen Mengen an Energie und Impuls waren und dass die Stoßgesetze auf die Kollision zwischen dem Photon und dem Elektron angewendet wurden.

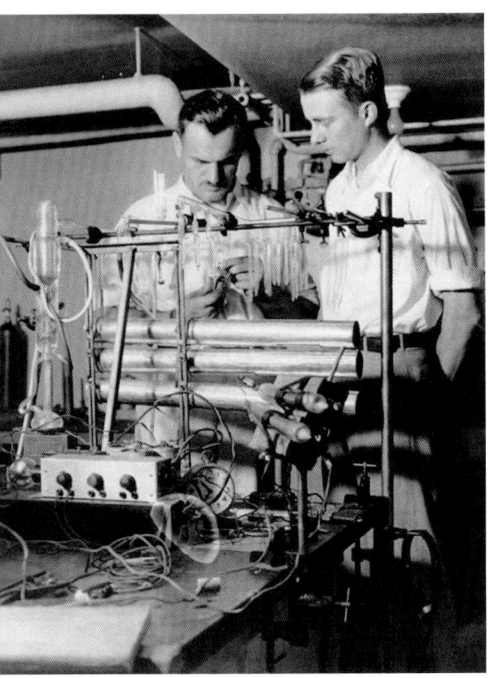

Wenn Röntgenstrahlen gestreut werden, wird ihr Impuls teilweise auf die Elektronen übertragen, mit denen sie interagieren.

Das Elektron nimmt etwas Energie aus einem Röntgenquant auf, wodurch die Frequenz des Röntgenstrahls reduziert wird. Die Impulsänderung und die durch die Streuung verursachte Frequenzverschiebung werden beide durch Einsteins Quantenformel erklärt. Comptons Experiment hatte die Existenz von Photonen bestätigt, die bis dahin angefochten worden war. Innerhalb weniger Monate folgte die Quantenmechanik.

Wellen-Teilchen, Teilchen-Welle?

In seiner Doktorarbeit von 1932 schlug der französische Physiker Louis-Victor de Broglie vor, dass nicht nur Licht, sondern alle Materie und Strahlung sowohl partikel- als auch wellenartige Eigenschaften haben. De Broglie appellierte an einen intuitiven Glauben an die Symmetrie der Natur und an Einsteins Quantentheorie des Lichts. Wenn sich eine Welle wie ein Teilchen verhalten kann, warum kann sich dann ein Teilchen, z. B. ein Elektron, nicht wie eine Welle verhalten? De Broglie argumentierte, dass Einsteins berühmtes $E = mc^2$ die Masse mit der Energie in Beziehung setzt, und Einstein und Planck hatten die Energie mit der Frequenz der Wellen in Beziehung gesetzt und dann die Kombination der beiden vorgeschlagen, sodass die Masse auch eine wellenartige Form haben sollte. Einstein unterstützte die Idee von de Broglie, da dies eine natürliche Konsequenz seiner eigenen Theorien war. Als er vom Promotionsausschuss gebeten wurde, die Briefe von de Broglie zu kommentieren, sagte er: „Ich glaube, dass die Hypothese von de Broglie der erste schwache Lichtstrahl auf dieses schlimmste unserer physikalischen Rätsel ist." De Broglie wurde promoviert.

Gibt es dort ein Elektron? Wahrscheinlich!

In den 1920er-Jahren untersuchten die Forscher, wie ein Elektronenstrahl von einem Nickelstück abprallt. In diesem Experiment wirkten die Nickelkristalle ähnlich wie die beiden im Lichtinterferenzexperiment verwendeten Schlitze. Im Grunde war dies das gleiche Experiment, aber es wurde ein Elektronenstrom anstelle eines Lichtstrahls verwendet. Die Experimente ergaben, dass die Elektronen ebenso wie das Licht ein Interferenzmuster bildeten. Die Elektronen benahmen sich wie Wellen, so wie de Broglie es vorausgesagt hatte. Aber was waren diese Wellen?

Der deutsche Physiker Max Born sagte, die Welle sei wie ein Graph, der die Wahrscheinlichkeit des Auftretens des Elektrons an einem bestimmten Ort darstelle. Dort, wo die Größe der Wahrscheinlichkeitswelle immens ist, wird das Elektron am wahrscheinlichsten gefunden; wenn die Größe klein ist, ist es unwahrscheinlich, dass das Elektron da ist. Das hört sich bizarr an und ist eine der seltsamen Vorstellungen in der Quantenmechanik. Wie kann ein Teilchen hier sein, oder vielleicht dort?

Laut Born bedeutet die Wellennatur der Materie, dass alles nach Wahrscheinlichkeiten betrachtet werden muss. Es gibt nichts Festes und Schnelles im Quantum-Bereich.

Wellen-Teilchen-Dualismus

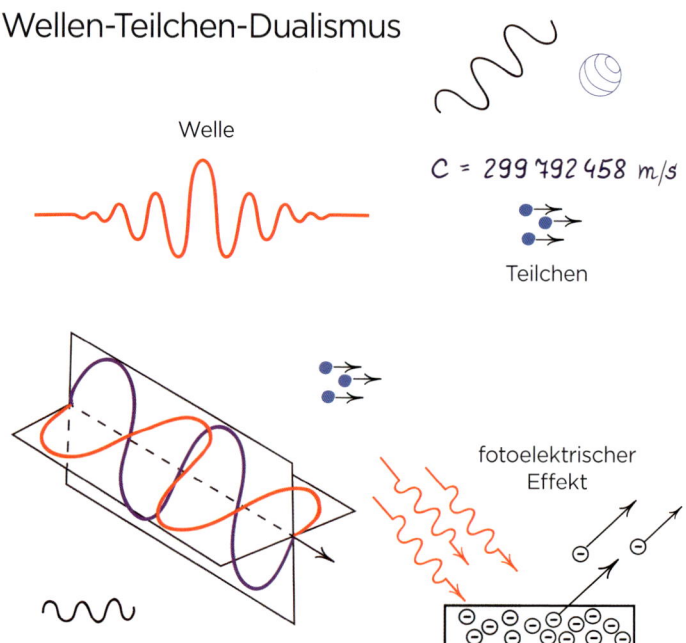

Welle

$C = 299\,792\,458\ m/s$

Teilchen

fotoelektrischer Effekt

Das Beste, was wir je tun können, ist zu sagen, dass das Elektron wahrscheinlich irgendwo ist, wir können niemals mit Sicherheit sagen, dass es dort ist. Das Ergebnis ist, dass Sie ein Experiment mit Elektronen durchführen können und nicht jedes Mal die gleiche Antwort erhalten, auch wenn Sie alles auf dieselbe Weise tun. Alles, was Sie messen können, sind wahrscheinliche Ergebnisse, keine konkreten.

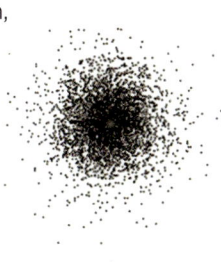

Heisenbergsche Unschärferelation

Werner Heisenbergs berühmte Unschärferelation, die 1927 erstmals formuliert wurde, zeigte, dass es unmöglich ist, sowohl die Position als auch den Impuls eines Partikels gleichzeitig genau zu kennen. Je genauer der Impuls des Partikels gemessen wird, desto ungenauer kann seine Position bestimmt werden. Wenn es möglich wäre, den Impuls eines Elektrons mit absoluter Präzision zu messen, wäre seine Position ziemlich unsicher – Sie wüssten vielleicht, wie schnell sich das Elektron bewegt, aber Sie hätten keine Ahnung, wo es war.

Auf der richtigen Wellenlänge

Selbst große Objekte haben nach der von de Broglie ausgearbeiteten Formel eine wellenartige Natur. Die De-Broglie-Wellenlänge eines durchschnittlichen Autos, das mit 40 km/h fährt, beträgt etwa 6×10^{-38} m. Sie ist ein bisschen zu klein zum Messen.

Wenn die klassischen Physiker von dem Welle-Teilchen-Dualismus überrascht worden wären, dann müsste die Unschärferelation sie komplett ins Schwanken bringen. Alltagserfahrungen geben uns keinen Hinweis darauf, dass so etwas möglich ist. Wenn Sie beispielsweise mit Ihrem Auto fahren, haben Sie eine gute Vorstellung von Position und Geschwindigkeit (oder sollten

Sie zumindest haben). Es ist, als wüssten Sie, dass Sie 70 km/h fahren, aber keine Ahnung hätten, welche Stadt Sie ansteuerten. Diese Unsicherheiten haben nichts mit mangelnder Geschicklichkeit des Beobachters oder unzureichender Ausrüstung zu tun. Heisenberg hat gezeigt, dass die Unsicherheit des Impulses multipliziert mit der Unsicherheit der Position des Teilchens niemals kleiner als die Plancksche Konstante sein kann. Dies ist eine grundlegende Eigenschaft des Universums, die das, was wir wissen können, einschränkt.

Schrödingers Wellen

Der österreichische Physiker Erwin Schrödinger erarbeitete 1926 eine Gleichung, die bestimmt, wie diese Wahrscheinlichkeitswellen geformt werden und wie sie sich entwickeln. Die Schrödinger-Gleichung beschreibt die Form der Wahrscheinlichkeitswellen (oder „Wellenfunktionen"), die die Bewegung kleiner Teilchen bestimmen, und gibt an, wie diese Wellen durch äußere Einflüsse verändert werden. Schrödinger testete seine Gleichung am Wasserstoffatom und stellte fest, dass sie seine Eigenschaften mit großer Genauigkeit vorhersagte.

Es heißt, dass die Schrödinger-Gleichung für die Quantenmechanik ebenso wichtig ist wie Newtons Bewegungsgesetze für die klassische Mechanik. Schrödinger versuchte, die Quantenwelt mathematisch zu beschreiben, er versuchte nicht, ein Modell aufzubauen, das Sie sich in Ihrem Kopf vorstellen könnten, wie die alte Idee eines Atoms als Mini-Sonnensystem. Die Quantenmechanik zeigte, wie der Bereich des Atoms in sehr präzisen und strengen mathematischen Begriffen beschrieben werden kann, jedoch mit Ergebnissen, die nur in Bezug auf Wahrscheinlichkeiten und nicht auf Gewissheiten gesehen werden können.

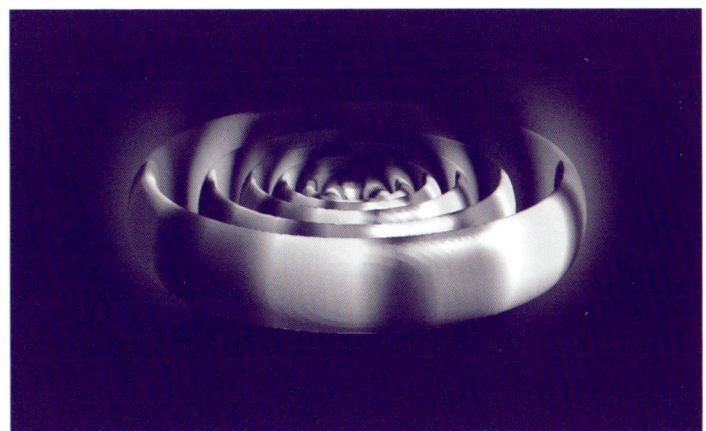

Gemäß der Quantenmechanik bewirken wir, wenn wir eine Messung durchführen, um die Position eines Partikels zu bestimmen, dessen Wahrscheinlichkeitswellenkollaps. Es ist nicht mehr möglich, dass es sich an einem anderen Ort befindet, wenn Sie wissen, wo es ist – die Wahrscheinlichkeit, dass es sich an anderer Stelle befindet, fällt auf null, während die Wahrscheinlichkeit, dass es sich dort befindet, wo Sie es beobachtet haben, auf 100 % steigt. Selbst heute gibt es immer noch Meinungsverschiedenheiten darüber, ob eine Wellenfunktion eine reale physische Sache ist oder nur ein mathematisches Werkzeug, das es uns erlaubt, Quantenbereichswahrscheinlichkeiten zu berechnen, aber ohne Grundlage in der Realität.

Aus praktischer Sicht scheint es keine Rolle zu spielen. Die Kopenhagener Interpretation der Quantentheorie, die in den 1920er-Jahren vor allem von den Physikern Niels Bohr und Werner Heisenberg entwickelt wurde, behandelt die Funktion lediglich als ein Werkzeug, um die Ergebnisse der Beobachtungen vorherzusagen, und meint, dass sich Physiker nicht damit beschäftigen sollten, wie „Realität" aussieht. Es ist ein Ansatz, den der Physiker David Merman unvergesslich als „Halt den Mund und rechne" zusammengefasst hat. Die Gewissheiten des Uhrwerk-Zeitalters aus Newtons Tagen waren lange passé.

Die Kopenhagener Interpretation

In der Kopenhagener Interpretation der Quantenmechanik, die von Niels Bohr und anderen verfochten wurde, haben die Eigenschaften eines Quantenteilchens keinen bestimmten Wert, bis eine Messung durchgeführt wird. Das Komplementaritäts-prinzip ist für die Kopenhagener Interpretation von zentraler Bedeutung. Dies besagt, dass die Wellen- und Teilchencharak-teristik von Objekten komplementäre Aspekte einer einzigen Realität sind, wie die beiden Seiten einer Münze. Ein Elektron oder ein Photon kann sich zum Beispiel manchmal als Welle und manchmal als Teilchen verhalten, aber niemals beides gleichzeitig, genauso wie eine geworfene Münze entweder Kopf oder Zahl zeigt, aber nicht beides gleichzeitig. Niels Bohr sagte, es sei kein Problem zu fragen, was ein Elektron wirklich ist. Experimente zum Messen von Wellen ermitteln Wellen, während Experimente zum Messen von Teilcheneigenschaften Teil-chen ermitteln. Es ist unmöglich, ein Experiment zu entwerfen, mit dem wir gleichzeitig Welle und Teilchen sehen können. Die Wellenfunktion ist eine vollständige Beschreibung einer Welle/ eines Teilchens. Wenn eine Messung der Welle/des Teilchens durchgeführt wird, bricht die Wellenfunktion zusammen. Infor-mationen, die nicht aus der Wellenfunktion abgerufen werden können, sind nicht vorhanden. Teilchenwellen sind laut Max Born in den 1920er-Jahren ein Maß für die Wahrscheinlichkeit. Sie sind keine physischen Wesen wie Geräusche oder Wasser-wellen. Wir können niemals absolut sicher sein, wie sich ein be-stimmtes Teilchen verhält; identische Elektronen können jedes Mal, wenn ein Experiment ausgeführt wird, andere Dinge tun, sodass das Ergebnis eines Experiments nur statistisch vorher-gesagt werden kann.

Die Kopenhagener Interpretation der Quantenmechanik öff-nete eine scharfe Kluft zwischen der klassischen Newtonschen Physik und der Quantenphysik. Hier in der Welt der Alltagsdinge

erwarten wir, dass jedes Ereignis eine Ursache hat. Das Glas Wasser auf dem Tisch fiel nicht von allein um, es wurde umgestoßen, als Sie stolperten und gegen den Tisch stießen. Wir hätten vielleicht nicht vorausgesagt, dass Sie das tun würden, aber wenn wir alle Details hätten, wie zum Beispiel Ihre Schrittlänge und die Höhe der Falte in dem Teppich, in dem sich Ihr

Fuß verfangen hat, hätten wir ein vernünftiges Ergebnis erhalten können von der Wahrscheinlichkeit der auftretenden Verschüttung. Gemäß der klassischen Physik sind also alle Variablen vorhanden, auch wenn sie manchmal schwer zu messen sind.

In der Quantenwelt gibt es jedoch keine relevanten Details, es gibt nur reinen Zufall. Die Quantenwelt ist reine statistische Wahrscheinlichkeit. Die Kopenhagener Ansicht ist, dass Unbestimmtheit ein grundlegendes Merkmal der Natur ist und nicht nur ein Ergebnis unseres mangelnden Wissens. Wir müssen nur akzeptieren, dass dies so ist, und nicht versuchen, es zu erklären.

Einstein sagt seine Meinung

Einige Physiker machten sich Sorgen über diesen Mangel an Erklärungen, darunter Albert Einstein. Im Frühjahr 1927, zum 200. Todestag von Newton und zwei Jahrzehnte nachdem Einstein scheinbar mühelos einen Großteil der klassischen Physik mit der speziellen Relativitätstheorie umgestürzt hatte, trat er zur Verteidigung der klassischen Mechanik und der Kausalität auf. „Das letzte Wort ist noch nicht gesprochen", argumentierte Einstein. „Möge der Geist der Newtonschen Methode uns die Kraft geben, die Vereinigung zwischen der physischen Realität und der fundiertesten Theorie der Newtonschen Lehre wiederherzustellen – die strenge Kausalität."

Einstein hat sich mit der Quantentheorie nie abgefunden, weil er der Meinung war, dass sie so gut war, wie es ging, aber im Grunde unvollständig. Er konnte keine Realität akzeptieren, die mittels Unsicherheit, Wahrscheinlichkeit und Unbestimmtheit definiert wurde. Er glaubte, dass die Wahrscheinlichkeiten der Quantenmechanik aus einer Wissenslücke darüber resultierten, wie das Universum auf atomarer Ebene operierte.

Sobald wir ein umfassenderes Verständnis hätten, würde die Wahrscheinlichkeit durch Gewissheit ersetzt.

Einstein sagte einmal zu einem Freund, dass er sich, als er über eine Theorie urteilte, gefragt habe, ob er, wenn er Gott wäre, „die Welt so arrangiert hätte". Er konnte nicht glauben, dass es Regeln gab, die das meiste im Universum beherrschten, dass aber auf der fundamentalen Quantenebene der Realität die Dinge dem Zufall überlassen zu sein schienen.

In einem Brief an Max Born aus dem Jahr 1926 erklärte Einstein: „Die Quantenmechanik ist sicherlich imposant. Aber eine innere Stimme sagt mir, dass es noch nicht das Richtige ist. Die Theorie sagt viel aus, bringt uns aber nicht wirklich näher zum Geheimnis des ‚Alten'. Ich bin jedenfalls überzeugt, dass Er keine Würfel wirft."

Einstein und der Laser

Unter all seinen anderen Leistungen ist es vielleicht nicht so allgemein bekannt, dass Einstein auch zur Entwicklung des Lasers beitrug. „Laser" ist eine Abkürzung für „Light Amplification by Stimulated Emission of Radiation" (Lichtverstärkung durch stimulierte Strahlungsemission). Es ist ein Gerät, das einen engen, fokussierten Lichtstrahl erzeugt und verstärkt, und es kann seine Wurzeln auf eine Arbeit von Albert Einstein aus dem Jahr 1917 über die Quantentheorie der Strahlung zurückführen.

In einem Laser werden Atome oder Moleküle eines Kristalls, eines Gases oder einer Flüssigkeit „gepumpt", um sie auf höhere Energieniveaus zu bringen. Dies erzeugt einen Lichtstoß, da die Atome eine Flut von Photonen entladen. Dies wird als stimulierte Emission bezeichnet, ein Prozess, den Einstein erstmals in seiner Arbeit von 1917 als Möglichkeit vorgeschlagen hatte. Nachdem er im Vorjahr die allgemeine Relativitätstheorie abgeschlossen hatte, beschäftigte er sich mit dem Zusammenspiel von Materie und Strahlung. Im Verlauf dieser Arbeit entwickelte er eine verbesserte grundlegende statistische Theorie der Wärme, die das Energiequantum einschließt.

Einstein schlug vor, dass ein angeregtes Atom, welches ein Photon absorbiert hat, durch erneute Emission des Photons in einen Zustand niedrigerer Energie zurückkehren kann, ein Vorgang, den er spontane Emission nennt. Er sagte auch voraus, dass Licht, wenn es eine Substanz durchläuft, die Emission von mehr Licht stimulieren könnte. Seine Idee war, dass, wenn Sie eine große Anzahl von Atomen in einem angeregten Zustand haben und alle bereit sind, ein Photon zu emittieren, ein vorbeiziehendes Streuphoton sie dazu anregen könnte, ihre Photonen freizusetzen. Diese freigesetzten Photonen hätten die gleiche Frequenz und Richtung wie das ursprüngliche Photon. Eine Kaskade von Photonen wird freigesetzt, wenn sich identische Photonen durch den Rest der Atome bewegen. Natürlich hat Einstein seine Theorie nie in die Praxis umgesetzt – es sollte bis 1960 dauern, bis der erste funktionierende Laser gebaut wurde.

Kapitel 21

Einstein gegen Bohr – wer hat gewonnen?

Albert Einstein und Niels Bohr diskutierten jahrzehntelang die Vor- und Nachteile der Quantentheorie. Könnte man sagen, dass einer von ihnen die Argumentation gewonnen hat?

Über einen Zeitraum von drei Jahrzehnten, bis zu Einsteins Tod, forderten sich Einstein und Bohr wiederholt gegenseitig heraus bezüglich ihrer Vorstellungen und Interpretationen der Quantenwelt. Diese Debatten waren nie erbittert – die beiden Physiker waren gute Freunde –, aber jeder hielt an seinem Standpunkt fest und verteidigte ihn hartnäckig. Einstein glaubte, dass eine objektive Realität existiere und die veränderte Realität gemessen werden könne. Zum Beispiel hat ein Elektron keine bestimmte Position im Raum, bis jemand entscheidet, diese zu messen.

Der Einstein-Bohr-Wettbewerb

Die Wege von Einstein und Bohr kreuzten sich während der fünften Solvay-Physik-Konferenz mehrfach. Einstein verstand sehr gut, was die Quantenmechanik beabsichtigte, fühlte jedoch, dass das Präsentierte nicht vollständig war. Bohr, der zuversichtlich war, dass Einstein ihn mit der Kopenhagener Interpretation unterstützen würde, war über Einsteins Opposition schockiert und bestürzt.

Nach der Konferenz nahmen Einstein und Bohr an einer Reihe von Wettbewerben teil, in denen Einstein versuchte, Fehler in Bohrs Interpretation der Quantenmechanik zu finden, und Bohr seine Haltung verteidigte. Einstein präsentierte Bohr seine Ansichten mit einem Gedankenexperiment und Bohr fand in der Regel innerhalb weniger Tage einen Fehler in Einsteins Argumentation.

Im Jahr 1948 fasste Bohr die bisherigen Gespräche mit Einstein zusammen und schloss daraus: „Ob unsere Treffen von kurzer oder langer Dauer sind, sie haben immer einen tiefen und bleibenden Eindruck in meinem Kopf hinterlassen …"

Eine Kiste voller Licht

Einer der berühmtesten Wettkämpfe zwischen Einstein und Bohr war jener, bei dem Bohr von Einstein gebeten wurde, sich eine Kiste voller Licht vorzustellen. Die Box hatte eine Reihe von Uhren und Maßstäben, die sowohl zur Bestimmung der Energie als auch der Zeit der Freisetzung eines einzelnen Photons verwendet wurden. Zuerst musste die Box gewogen werden, dann wurde ein einzelnes Photon durch einen Verschluss ausgelöst, der von einem Uhrwerk innerhalb der Box betätigt wurde. Die Box wurde dann erneut gewogen und Einstein konnte die Energie des Photons mit $E = mc^2$ berechnen. Er würde daher die Änderung der Energie sowie den genauen Zeitpunkt der Emission des Photons kennen und damit das Prinzip der Unschärfe umgehen.

Dem Vernehmen nach verbrachte Bohr eine schlaflose Nacht, in der er versuchte, eine Entgegnung zu Einsteins Lichtkasten zu finden. Dann flog ihm die Antwort zu.

Das Photon, so stellte er fest, würde einen Rückstoß erleiden, wenn es in die Box geschossen wird, was zur Ungewissheit über die Position der Uhr im Gravitationsfeld der Erde führte, und da Einstein selbst in der allgemeinen Relativitätstheorie gezeigt hatte, dass Uhren in einem Gravitationsfeld langsamer laufen, wäre die von der Uhr aufgezeichnete Zeit unsicher. Einstein hatte sich selbst verfangen, indem er seine eigene Theorie vergessen hatte!

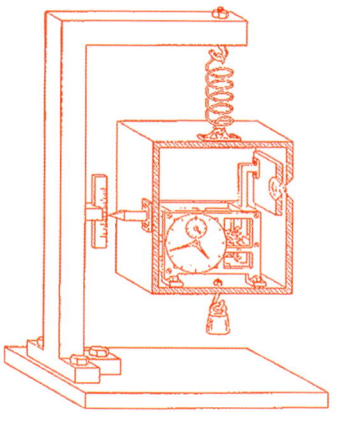

Gruselige Aktion aus der Ferne

1935 führte Einstein in Zusammenarbeit mit seinen Kollegen Boris Podolsky und Nathan Rosen ein Denkexperiment durch, das besagte, dass die Quantenmechanik keine vollständige physikalische Theorie sei. Heute als „EPR-Paradoxon" – nach den drei Mitarbeitern – bekannt, sollte das Gedankenexperiment ein Merkmal der Quantenmechanik in Angriff nehmen, die Quantenverschränkung. Diese besagt, dass das Ergebnis einer Messung an einem Teilchen eines verschränkten Quantensystems einen sofortigen Effekt auf andere Teilchen haben kann, unabhängig vom Abstand zwischen den beiden Teilen.

Wie wir gesehen haben, ist die Idee der Unsicherheit eine der Hauptlehren der Quantenmechanik – wir können nicht alle Merkmale eines Systems gleichzeitig messen, auch nicht in der Theorie. Wir können zum Beispiel Position und Impuls nicht kennen und können entweder das eine oder das andere messen, aber nicht beides zusammen. Eine andere Eigenschaft der Quantenmechanik wird Verschränkung genannt. Zum Beispiel können zwei Photonen miteinander interagieren, sodass sie anschließend durch eine einzige Wellenfunktion definiert werden können. (Wie dies erreicht wird, muss uns nicht mehr beschäftigen.) Sobald sie getrennt sind, teilen sie sich diese einzelne Wellenfunktion, was bedeutet, dass das Messen des einen den

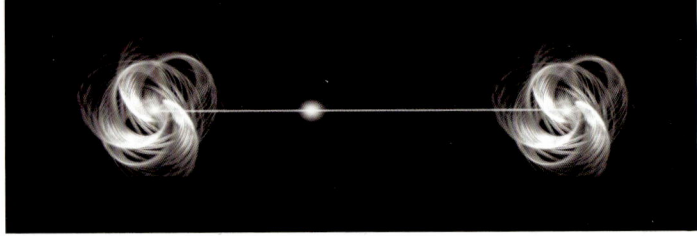

Zustand des anderen bestimmt: Wenn die beiden Quanten beispielsweise eine Spin-Null-Verschränkung aufweisen und ein Partikel im „hochfahrenden" (spin up) Zustand gemessen wird, ist das andere sofort gezwungen, in einen „herabfahrenden" (spin down) Zustand zu gehen. Dies wird offiziell als „nicht lokales Verhalten" bezeichnet. Einstein nannte es „gruselige Aktion aus der Ferne". Einstein akzeptierte, dass die Quantenmechanik die Ergebnisse verschiedener Experimente genau vorhersagen kann; er wusste, dass es nicht „falsch" war. Er argumentierte

Spin

In den 1920er-Jahren führten Otto Stern und Walther Gerlach eine Reihe wichtiger Experimente an der Universität Hamburg durch. Da wir wissen, dass alle sich bewegenden Ladungen Magnetfelder erzeugen, wollten sie die Magnetfelder messen, die von

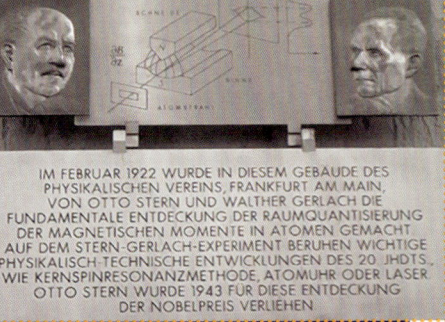

IM FEBRUAR 1922 WURDE IN DIESEM GEBÄUDE DES PHYSIKALISCHEN VEREINS, FRANKFURT AM MAIN, VON OTTO STERN UND WALTHER GERLACH DIE FUNDAMENTALE ENTDECKUNG DER RAUMQUANTISIERUNG DER MAGNETISCHEN MOMENTE IN ATOMEN GEMACHT AUF DEM STERN-GERLACH-EXPERIMENT BERUHEN WICHTIGE PHYSIKALISCH-TECHNISCHE ENTWICKLUNGEN DES 20 JHDTS, WIE KERNSPINRESONANZMETHODE, ATOMUHR ODER LASER OTTO STERN WURDE 1943 FÜR DIESE ENTDECKUNG DER NOBELPREIS VERLIEHEN

Elektronen erzeugt werden, die Atomkerne in Atomen umkreisen. Die Physiker waren überrascht, als sie herausfanden, dass die Elektronen selbst so wirken, als würden sie sich sehr schnell drehen, wobei sie winzige Magnetfelder erzeugen, unabhängig von denen, die sich aus ihren Umlaufbewegungen ergeben. Der Begriff „Spin" wurde bald verwendet, um diese scheinbare Rotation subatomarer Teilchen zu beschreiben. Dies sollte nicht als Zeichen dafür gelten, dass Elektronen tatsächlich kleine, feste Körper sind, die sich im Atomraum drehen – sie sind es nicht.

jedoch, dass sie noch nicht vollständig sei, und das EPR-Paradoxon war ein weiterer Versuch, dies zu demonstrieren – der Artikel hatte sogar den Titel: „Kann man die quantenmechanische Beschreibung der physikalischen Wirklichkeit als vollständig betrachten?"

Einstein meinte, es gäbe Eigenschaften des Quantensystems, die er „versteckte Variablen" nannte, die entdeckt werden sollten, und wenn sie einmal bekannt wären, die Beobachtungen erklären würden, und zeigte, dass es keinen Rückgriff auf „gruselige Aktionen" gibt. Bohr widersprach natürlich Einsteins Ansicht und verteidigte leidenschaftlich die Kopenhagener Interpretation der Quantenmechanik.

Einstein und seine Co-Autoren begannen damit, ihre Prämisse darzulegen, dass, wenn es eine Möglichkeit gäbe, die Position eines Teilchens mit absoluter Sicherheit zu erfahren, und wir das Teilchen nicht durch direkte Beobachtung stören würden, wir dann sagen können, dass das Teilchen in Wirklichkeit existiert, unabhängig von unseren Beobachtungen.

Wenn wir zwei quantenverschränkte Teilchen haben, können wir Messungen an einem Teilchen durchführen, die uns Informationen über das zweite Teilchen liefern, ohne das zweite Teilchen in irgendeiner Weise zu stören.

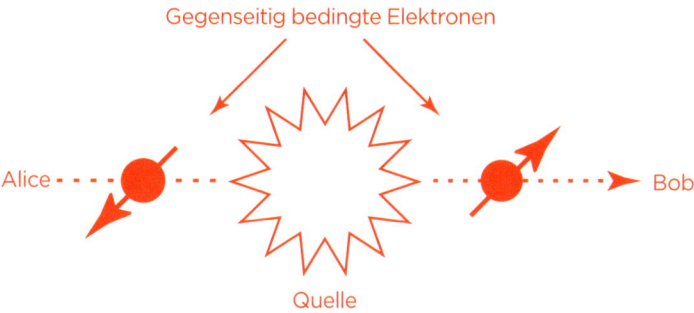

Durch die Messung des Impulses, beispielsweise des ersten Teilchens, gewinnen wir genaue Kenntnis des Impulses des zweiten Teilchens, und wir können dasselbe für andere Eigenschaften, wie z. B. die Position, tun. Das zweite Teilchen, das wir

nicht direkt beobachtet haben, hat also Eigenschaften, die wir kennen. Es hat eine Position,
die real ist, und einen Impuls, der real ist. Da die
Quantenmechanik sagt, dass wir beide Eigenschaften nicht kennen können, scheint die
Beschreibung der Realität durch die Quantenmechanik tatsächlich unvollständig zu sein.
Die Alternative, argumentierten Einstein und
Co., bestand darin, anzunehmen, dass der Prozess des Messens des ersten Teilchens die Realität des zweiten Teilchens verändert und es augenblicklich an die Realität des ersten Teilchens anpasst,
selbst wenn sie durch Lichtjahre des Raumes getrennt sind.
„Es ist keine vernünftige Definition der Realität zu erwarten,
die dies zulässt", behaupteten sie. Wolfgang Pauli machte seine
Gefühle in einem Brief an Werner Heisenberg sehr deutlich:

> *„Einstein hat sich erneut öffentlich über die Quantenmechanik
> geäußert (zusammen mit Podolsky und Rosen – übrigens kei-
> ne gute Gesellschaft). Es ist bekannt, dass dies jedes Mal eine
> Katastrophe ist."*

Als der EPR-Artikel Niels Bohr erreichte, wusste er, dass er für
Einstein keine Gegenargumente finden würde. Einem Kollegen
Bohrs zufolge war EPR wie „ein Blitz aus heiterem Himmel ...
Alles andere wurde aufgegeben. Wir mussten ein solches Miss-
verständnis aufklären." Das war keine einfache Aufgabe. Es dauerte sechs Wochen, bis Bohr seine Erwiderung fertig hatte – sie
war länger als der vierseitige EPR-Artikel.

Bohr räumte ein, dass in Einsteins Artikel „von einer technischen Störung des untersuchten Systems keine Rede ist". Bis
dahin hatte Bohr behauptet, dass die durch die Messung eines
Teilchens verursachte Störung zu einer Quantenunsicherheit
geführt habe. Er zog sich jetzt aus dieser Position zurück. In
verschiedenen Argumenten auf den Solvay-Konferenzen hatte
er Einsteins Gedankenexperimente, oft unter Berufung auf das
Prinzip der Unschärfe, abgelehnt.

Nun verwendete er jedoch das Konzept der Komplementarität. Die wichtigsten Aspekte eines Quantenexperiments waren die Bedingungen, unter denen es durchgeführt wurde. Wenn Sie eine Reihe von Bedingungen auswählen, z. B. ein Experiment mit Welleneigenschaften, dann würden Sie Welleneigenschaften sehen. Wenn Sie etwas anderes wählen, enthüllen Sie einen ergänzenden Aspekt zu den Welleneigenschaften. Keines dieser Elemente war nach Meinung von Bohr im EPR-Gedankenexperiment vertreten, sodass es nicht gelang, die Kopenhagener Interpretation der Quantenmechanik zu widerlegen.

Wenn die beiden Teilchen miteinander verschränkt sind, argumentierte Bohr, sind sie effektiv ein einzelnes System mit einer einzigen Quantenfunktion. Außerdem, bemerkte er, habe der EPR-Artikel das Unschärfeprinzip nicht völlig außer Kraft gesetzt. Es ist immer noch nicht möglich, die genaue Position und den genauen Moment des Partikels gleichzeitig zu kennen. Wenn Sie die Position von A kennen, kennen Sie die Position von B, und wenn Sie den Impuls von A kennen, dann kennen Sie den Impuls von B. Aber was Sie immer noch nicht können, ist, diese beiden Dinge genau im selben Moment für A zu kennen, also können Sie sie auch nicht für B kennen. Es besteht kein Konflikt mit dem Unschärfeprinzip.

Einstein beharrte weiterhin darauf, dass er sich auf etwas einlasse. Seine eigene Relativitätstheorie erlaubte keine „gruselige Aktion aus der Ferne". Er hatte es für Newtons Gravitation verboten und er würde es nicht für die Quantenmechanik zulassen. Die Quantenmechanik verstoße gegen zwei grundlegende Prinzipien: das Prinzip der Trennbarkeit, das behauptet, dass zwei im Raum getrennte Systeme eine unabhängige Existenz haben; und das Prinzip der Lokalität, das besagt, dass es nicht sofort Auswirkungen auf das zweite System hat, wenn man etwas für ein System tut.

Einsteins Kiste, Schrödingers Katze

Erwin Schrödinger gehörte zu denen, die sich mit Einstein gegen die Kopenhagener Interpretation wandten. Er sagte zu dem EPR-Artikel: „Wie ein Hecht in einem Goldfischteich hat er alle aufgewühlt." Er hatte das Gefühl, dass seine Wellengleichungen missbraucht worden waren, und dachte manchmal, es wäre besser gewesen, wenn er sie niemals entwickelt hätte. An einer Stelle erklärte er zur Quantenmechanik: „Ich mag sie nicht und es tut mir leid, dass ich jemals etwas damit zu tun hatte." In einem Brief an Schrödinger aus dem Jahr 1928 klagte Einstein: „Die Heisenberg-Bohr-Beruhigungsphilosophie ... bietet dem wahren Gläubigen ein sanftes Kissen, aus dem er nicht so leicht geweckt werden kann."

Einstein war der Ansicht, dass das Unschärfeprinzip von Heisenberg eine Demonstration der Grenzen darstellt, die die Natur in Bezug auf ein Quantenobjekt festlegt, aber dennoch sollten diese Grenzen nicht als Anhaltspunkt dafür verstanden werden, dass es keine tiefere, deterministischere Realität gibt, nur dass uns der Zugang dazu verwehrt wurde.

1935 teilte sich Einstein ein Gedankenexperiment mit Schrödinger, aus dem hervorgeht, warum er sich bei Wellenfunktionen und Wahrscheinlichkeiten so unwohl fühlte. Stellen Sie sich zwei Boxen vor, sagte er, eine enthält einen Ball, die andere ist leer. Bevor wir in eine Box schauen, besteht eine Chance von 50 %, den Ball zu finden. Wenn wir nachgeschaut haben, besteht die Chance, dass er dort ist, entweder zu 100 % oder zu 0 %. Aber in Wirklichkeit war der Ball immer zu 100 % in einer der Boxen. Einstein schrieb:

> „... die Wahrscheinlichkeit liegt bei 50 %, dass sich der Ball in der ersten Box befindet. Ist das eine vollständige Beschreibung? NEIN: Eine vollständige Beschreibung ist, dass der Ball in der ersten Box ist (oder nicht) ... JA: Bevor ich sie öffne, befindet sich in keiner der beiden Kisten der Ball. Er ist nur dann in einer bestimmten Kiste, wenn ich die Abdeckungen anhebe."

Offensichtlich bevorzugte Einstein die erste Antwort und nicht die zweite Antwort der Quantenmechanik. Niels Bohr und die Kopenhagener Interpretation würden sagen, dass der Ball in einem Zustand der Überlagerung existiert, dass er tatsächlich beide Felder einnimmt, bis Sie sehen, in welcher Box er sich befindet. Der Akt der Beobachtung entscheidet. Einsteins Antwort basiert auf dem gesunden Menschenverstand, aber wie er mit seinen Relativitätstheorien gezeigt hatte, ist der gesunde Menschenverstand nicht immer ein verlässlicher Hinweis darauf, wie die Natur tatsächlich funktioniert.

Schrödinger entwickelte ein Gedankenexperiment, das in die Quantenfolklore übergehen sollte. Es untersuchte ein Kernkonzept der Quantenphysik, das darin bestand, dass der Zeitpunkt der Emission eines Neutrons aus einem zerfallenden Kern so lange unbestimmt ist, bis er beobachtet wird. In der Quantenwelt existiert der Kern gleichzeitig in seinem zerfallenen als auch in seinem unverdorbenen Zustand, bis die Beobachtung seine Wellenfunktion zusammenbrechen lässt und er entweder das eine oder das andere wird. Es ist ein Zustand, den wir widerwillig im fremden Bereich des Quants als wahr akzeptieren könnten, aber wie um alles in der Welt können diese seltsamen Vorgänge in die „reale" Welt hineinskaliert werden? In seinem Gedankenexperiment stellte Schrödinger die folgende Frage: Wann wechselt das System von seinem Überlagerungszustand in eine bestimmte Realität? Hier kommt die Katze ins Spiel. „Eine Katze ist in einer Kiste eingepfercht", schrieb Schrödinger, „zusammen mit dem folgenden Gerät: In einem Geigerzähler befindet sich ein Stückchen radioaktiver Subtanz, die so klein ist, dass vielleicht im Laufe der Stunde eines der Atome zerfällt, mit gleicher Wahrscheinlichkeit aber vielleicht auch nicht: Wenn es passiert, löst ein Relais einen Hammer aus, der eine kleine Flasche Blausäure zerbricht."

Er erklärte, dass die Wellenfunktion des gesamten Systems die Situation ausdrücken würde, indem sie die lebende oder tote Katze in sich trägt. Einstein und Schrödinger waren froh, dass ihre Gedankenexperimente den richtigen Punkt gezeigt hatten – an der Kopenhagener Interpretation stimmte etwas ganz und gar nicht. Einstein sagte, eine Wellenfunktion, die „sowohl die lebende als auch die tote Katze enthält, kann einfach nicht als Beschreibung eines realen Sachverhalts verstanden werden."

Einstein schrieb 1948 an Max Born: „Sie glauben an einen Würfel spielenden Gott und ich an vollkommene Gesetze in der Welt der Dinge, die als reale Objekte existieren, die ich auf wild spekulative Weise zu erfassen versuche." Für Niels Bohr dagegen gab es keinen Grund, warum die Regeln der klassischen Physik, die bestimmen, was in der alltäglichen Welt um uns herum vorgeht, auch für den Quantenbereich gelten sollten. Was die Quantenphysiker entdeckten, zeigte die Dinge, wie sie sind, ob Einstein es wollte oder nicht. Irgendwann sagte Bohr offenbar ärgerlich zu Einstein: „Hör auf, Gott zu sagen, was er tun soll!"

Born, der von vielen Physikern enttäuscht war, sagte von Einstein, er sei „ein Pionier im Kampf um die Eroberung der Wildnis der Quantenphänomene. Später, als aus seiner Arbeit eine Synthese von statistischen Prinzipien und Quantenprinzipien entstand, die für fast alle Physiker akzeptabel erschien, wurde er zurückhaltend und skeptisch. Viele von uns betrachten dies als eine Tragödie – für ihn, der seinen Weg in Einsamkeit geht, und für uns, die ihren Führer und Fahnenträger vermissen."

Einstein akzeptierte niemals die Wahrscheinlichkeiten und Unsicherheiten der Quantenmechanik und suchte sein ganzes Leben lang nach einer zugrunde liegenden Ordnung. Trotzdem hat die Quantenmechanik in den Jahren nach Einsteins Tod den Versuchen standgehalten und alle Anzeichen deuten darauf hin, dass er sich geirrt hat. Stephen Hawking kommentierte 1997 in einem Vortrag: „Einstein war verwirrt, nicht die Quantentheorie."

Kapitel 22

War Einstein der „Vater der Atombombe"?

Populäre Vorstellungen bringen Einstein mit der Entwicklung der Atombombe in Verbindung, aber welche Rolle spielte er wirklich dabei?

Die populäre Vorstellung verbindet Albert Einstein und die Formel $E = mc^2$ fast zwangsläufig mit der Erfindung der Atombombe, aber wie groß war die Rolle, die er tatsächlich bei ihrer Entwicklung spielte? Der Begriff „Vater der Bombe" wurde zum ersten Mal in einem Artikel im Time Magazine verwendet, in dem Einstein gegen eine Pilzwolke mit der Aufschrift „$E = mc^2$" lehnte (Cover vom 1. Juli 1946).

Die Entdeckung des Atoms

Zu der Zeit, als Albert Einstein an der allgemeinen Relativitätstheorie arbeitete, untersuchte Ernest Rutherford die Struktur des Atoms am Cavendish Laboratory in Cambridge, England. 1907 entwickelte er ein Experiment, um zu zeigen, dass das Atom ein Zentrum hat, das er den Kern genannt hat. Dies geschah nur zwei Jahre, nachdem Einsteins Artikel über die Brownsche Bewegung die Existenz von Atomen bestätigt hatte. Im Jahr 1919, dem Jahr, in dem Arthur Eddingtons Beobachtungen zum Niedergang der allgemeine Relativitätstheorie führten,

war es Rutherford gelungen, atomaren Stickstoff in Wasserstoff umzuwandeln, oder, wie die Zeitungen sagten, „das Atom zu spalten". Einer von Rutherfords Studenten war Niels Bohr, der in Einsteins Leben eine große Rolle spielen sollte. Es war Bohr, der das Modell der Atomstruktur formulierte, das die Freisetzung von Photonen unterschiedlicher Energien erklärte, die mit Einsteins Vorstellung, dass Licht ein Teilchenstrom ist, übereinstimmte. Wissenschaftler fanden Beweise dafür, dass Einsteins $E = mc^2$-Gleichung tatsächlich richtig war.

Francis Ashton, ein Forschungskollege des Cavendish-Laboratoriums, maß die Atomgewichte der Elemente sorgfältig und stellte überrascht fest, dass eine winzige Menge an Masse fehlte. Das, so glaubte er, war die Energie, die die Atome zusammenhielt; er nannte sie Bindungsenergie. Er berechnete, dass, wenn es möglich wäre, Wasserstoff, das leichteste Element, in Helium, das nächstleichteste Element, umzuwandeln, 1% der Masse vernichtet und als Energie freigesetzt würde. Nach Einsteins Formel würde in einem Glas Wasser genug Energie vorhanden sein, um ein Dampfschiff über den Atlantik und wieder zurück zu treiben. Es war das erste Mal, dass Einsteins Gleichung

mit der Atomforschung in Verbindung gebracht wurde. Aber wie konnten Wissenschaftler Zugang zu diesem riesigen, ungenutzten Energiespeicher erhalten? Viele hielten es für unwahrscheinlich, einschließlich Rutherford, der 1933 in einer Rede die Idee als „Unfug" abtat. Es stellte sich ironischerweise – gerade als die Welt am Rande des Krieges stand – heraus, dass die Versuche, die Energie des Atoms freizuschalten, vielversprechend waren.

Die Reise zur Bombe

Ein entscheidender Durchbruch war im Cavendish-Labor ein Jahr vor Rutherfords Kommentar erzielt worden. Dies war die Entdeckung des Neutrons im Atomkern. Neutronen sind stark durchdringende Partikel, und wenn Atomkerne zerbrochen würden, um ihre Energie freizusetzten, wären die Neutronen die Funken, die das Feuer entzündeten.

Im Jahr 1934 hatte Irene Curie, Tochter von Marie, erfolgreich ein neues radioaktives Element geschaffen. Im selben Jahr zeigte Enrico Fermi in Rom, dass Neutronen durch Verlangsamung wirkungsvoller werden können. 1938 war Otto Hahn, der in Berlin arbeitete, verblüfft, als er Uran mit Neutronen bombardierte und feststellte, dass er Barium erhielt. Hahn hat in Zusammenarbeit mit der österreichischen Physikerin Lise Meitner und ihrem Neffen Otto Frisch erkannt, dass er beim Aufspalten des Uranatoms etwas Bindungsenergie freigesetzt hatte. Dies war die erste erfolgreiche Demonstration der Kernspaltung.

Diese Nachrichten verbreiteten sich bald unter den Physikern. Ein Wissenschaftler, der die Nachrichten hörte, Leo Szilard, ein in New York lebender und arbeitender Ungar, war ein Freund von Einstein. Szilard hatte mit Einsteins Hilfe in Berlin im Fach

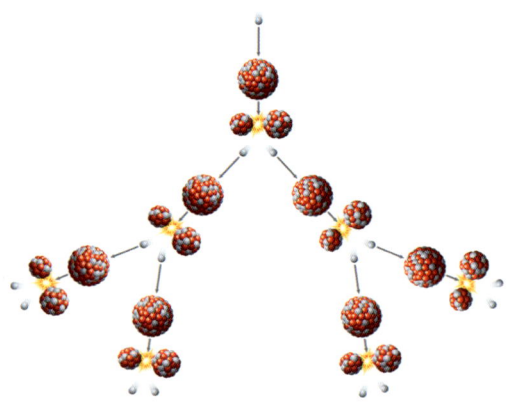

Physik promoviert. Er war Theoretiker und untersuchte seit 1933 die Möglichkeit, dass ein von einem Neutron gespaltenes Atom zwei weitere Neutronen freisetzen könnte, wodurch eine Kettenreaktion ausgelöst werden würde. Zusammen mit Fermi zeigte er dies im März 1939.

In Princeton hatte Niels Bohr festgestellt, dass es sich um das U-235-Isotop des Urans handelte, das bei einem Beschuss mit Neutronen am leichtesten zu spalten war. Das Problem war, dass dieses weniger als 1% des natürlichen Urans ausmachte und es sehr schwierig sein würde, es zu trennen. Wenn dies jedoch möglich wäre, warnte Bohr, könnte eine verheerende Atomexplosion ausgelöst werden.

In Deutschland hatten Physiker währenddessen die gleichen Ideen wie Szilard verfolgt. Besorgt über die möglichen Auswirkungen, setzte sich Szilard für ein Sicherheitsembargo für die Berichterstattung über die gesamte Atomforschung in den Vereinigten Staaten, Großbritannien, Frankreich und Dänemark ein. Er hatte zu Recht Angst, als die Nazis im April 1939 mit einem Forschungsprogramm zur Kernspaltung begannen.

Als die Nachricht von der Entdeckung der Kernspaltung Robert Oppenheimer erreichte, der das Manhatten-Projekt (Deckname für die streng geheime Entwicklung der Atombombe durch die alliierten Mächte im Zweiten Weltkrieg) leitete, erklärte er das zunächst als „unmöglich". Nachdem ihm gezeigt wurde, dass das Experiment tatsächlich funktioniert hat, begann auch er sofort, Kettenreaktionen zu untersuchen. Innerhalb weniger Tage hatte er einen groben Plan für eine Atombombe erstellt.

Einsteins Kühlschrank

1930 haben sich Einstein und Leo Szilard die Aufgabe gestellt, einen geräuschlosen Haushaltskühlschrank zu entwickeln. Ein Teil ihrer Erfindung war die sogenannte Einstein-Szilard-Pumpe, die später von Einstein als Verwendung eines elektrischen Wechselstroms beschrieben wurde, um ein magnetisches Führungsfeld zu erzeugen, das eine flüssige Mischung aus Natrium und Kalium bewegt. Das Gemisch bewegt sich nach Einstein „in abwechselnden Richtungen in einem Gehäuse und wirkt als Kolben einer Pumpe; das Kältemittel [in dem Gehäuse] wird somit mechanisch verflüssigt und Kälte wird durch seine Rückverdampfung erzeugt". Die erfindungsreichen Physiker erhielten für ihre Arbeit eine geringe Summe Geld, sicherlich nicht genug, um sie reich zu machen. Der Einstein-Szilard-Kühlschrank wurde niemals kommerziell vermarktet, zum Teil wegen der Gefahr, dass das giftige Kältemittel austreten könnte.

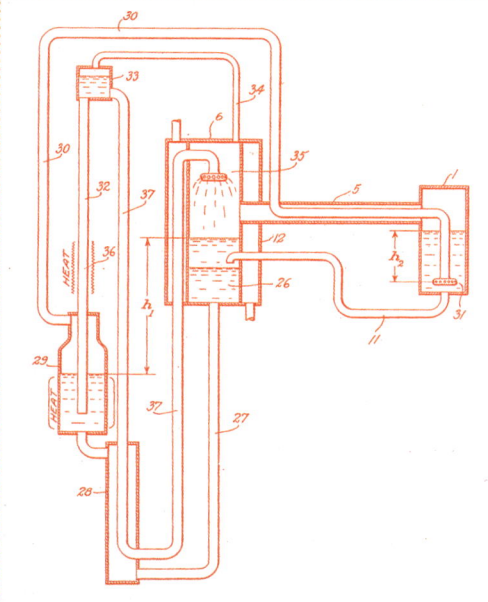

Einstein und Roosevelt

Am 2. August 1939 besuchte Leo Szilard Einstein und forderte ihn auf, an Präsident Roosevelt zu schreiben und ihm die Notwendigkeit nahezulegen, mit der Entwicklung von Atomwaffen zu beginnen. Dieser Besuch führte zu dem von Einstein unterzeichneten (obwohl er wahrscheinlich größtenteils von Szilard geschrieben wurde) Brief, der am 11. Oktober 1939 an Roosevelt geschickt wurde. Darin warnte Einstein vor der Möglichkeit, in naher Zukunft eine Kettenreaktion im Uran zu erreichen, die große Mengen an Kraft erzeugt.

„Dieses neue Phänomen", schrieb Einstein, „würde auch zum Bau von Bomben führen, und es ist – wenn auch nicht sicher – denkbar, dass so extrem mächtige Bomben dieses Typs gebaut werden können. Eine einzige Bombe dieses Typs, von einem Boot transportiert und in einem Hafen zur Explosion gebracht, könnte den gesamten Hafen zusammen mit einigen der umliegenden Gebiete zerstören. Solche Bomben können sich jedoch für den Lufttransport als zu schwer erweisen." Er warf ein, dass

das nationalsozialistische Deutschland bereits solche Untersuchungen durchführen würde. Roosevelt antwortete, er habe die Daten „so bedeutend gefunden, dass ich einen Ausschuss einberufen habe ... um die Möglichkeiten Ihres Vorschlags in Bezug auf das Element Uran gründlich zu untersuchen."

Dem Einstein-Biografen Abraham Pais zufolge gibt es Meinungsverschiedenheiten darüber, wie viel Einfluss Einsteins Brief an Roosevelt tatsächlich hatte. Es war Pais' Eindruck, dass er nur gering war, und er wies darauf hin, dass Roosevelt zwar ein beratendes Komitee ernannt hatte, aber erst im Oktober 1941 den Startschuss für die Entwicklung der Atomwaffen, das Manhatten-Projekt, gab.

Selbst wenn er an der Umsetzung mitgewirkt hatte, arbeitete Einstein nie direkt am Manhatten-Projekt, um die Atombombe zu entwickeln. Er wurde weder zum Mitmachen eingeladen noch wurde ihm offiziell mitgeteilt, dass es existiert. J. Edgar Hoover, der Direktor des FBI, war Einsteins Pazifismus suspekt und er hielt ihn für ein Sicherheitsrisiko. Unter anderem behauptete Hoover, Einstein habe 1932 einen Antikriegskongress unterstützt und sei Pro-Sowjet gewesen, während Einstein sich tatsächlich geweigert hatte, an der Konferenz teilzunehmen, und Russland wegen „vollständiger Unterdrückung des Individuums und der Redefreiheit" verurteilt hatte. Einstein spielte jedoch im Manhatten-Projekt eine kleine Rolle. Er wurde von Vannevar Bush, einem der leitenden Wissenschaftler des Projekts, beauftragt, bei einem Problem der Trennung von Isotopen zu helfen.

Einstein arbeitete zwei Tage an einem Prozess, bei dem Uran in Gas umgewandelt und durch Filter getrieben wurde, und schickte seinen Bericht. Die Wissenschaftler, die sich das angesehen haben, wollten unbedingt, dass Einstein eine größere Rolle in dem Projekt spielt, aber Bush lehnte dies ab. „Ich wünsche mir sehr, dass ich das Ganze vor ihn stellen und sein Vertrauen gewinnen könnte", schrieb Bush, „aber angesichts der Haltung der Menschen hier in Washington ist das absolut unmöglich." Im Dezember 1944 wurde Einstein von seinem Freund Otto Stern

besucht, der an dem Manhatten-Projekt gearbeitet hatte. Sterns Nachricht, dass das Projekt kurz vor dem Abschluss stand, hat Einstein verärgert. Er beschloss, Niels Bohr über seine Sorge um die Kontrolle von Atomwaffen in der Zukunft zu schreiben.

„Die Politiker schätzen die Möglichkeiten nicht und kennen daher auch nicht das Ausmaß der Bedrohung", schrieb er. Bohr besuchte Einstein und drängte zur Vorsicht bei der Verarbeitung seiner Ansichten. Er warnte vor den „beklagenswerten Folgen", wenn Informationen über die Entwicklung der Bombe herauskommen sollten. Einstein stimmte zu.

Am 6. August 1945 zerstörte eine Atombombe das japanische Hiroshima. Einstein hörte die Nachricht in einer Hütte, die er in den Adirondacks-Bergen gemietet hatte. Alles, was er sagte, war: „Oh, mein Gott!" Ein paar Tage später, nach dem Abwurf einer zweiten Bombe auf Nagasaki, wurde ein Bericht über die Entwicklung der Bombe veröffentlicht. Sehr zu Einsteins Bestürzung legte der Bericht großen Wert auf seinen Brief an Roosevelt.

Das war einer der Gründe, warum in der Vorstellung der Öffentlichkeit Einstein mit der Bombe in Verbindung gebracht wurde, obwohl er bei ihrer Entwicklung nur eine kleine Rolle gespielt hatte.

Nach dem Krieg

In einem Interview mit der Zeitschrift Newsweek erklärte Einstein: „Hätte ich gewusst, dass es den Deutschen nicht gelingen würde, eine Atombombe herzustellen, hätte ich niemals einen Finger gehoben." Im Dezember 1945 erzählte Einstein seinem Publikum: „Die erste Atombombe zerstörte mehr als die Stadt Hiroshima. Sie zerstörte auch unsere vererbten, überholten politischen Ideen." Er war Vorsitzender des Notstandskomitees der Atomwissenschaftler, einer Gruppe, die sich zwischen 1946 und 1949 traf. In der Satzung der Gruppe erklärte Einstein seinen Glauben an die Notwendigkeit, „die Nutzung der Atomenergie in einer Weise voranzutreiben, die für die Menschheit von Vorteil ist, und Wissen sowie Informationen über Atomenergie zu verbreiten ... damit ein informierter Bürger seine Handlungen intelligent bestimmen und gestalten kann, um seinem eigenen Interesse und dem Wohl der Menschheit zu dienen."

Kapitel 23

Können wir eine allumfassende Theorie finden?

Viele Theoretiker suchen heute nach einem Weg, Relativität und Quantenmechanik zu vereinen. Sind sie kurz davor, eine Antwort zu finden?

Einsteins Relativitätstheorien bieten einen Rahmen für das Verständnis des Universums auf der Grundlage von Sternen und Galaxien; die Quantentheorie beschreibt, wie das Universum auf der Ebene von Atomen und Atomteilchen arbeitet. Beide Theorien wurden mit einer unvorstellbaren Genauigkeit getestet, beide scheinen gut zu funktionieren, aber das Problem bleibt, dass wir noch immer einen Weg finden müssen, um beide miteinander zu vereinen. Wenn die Quantenmechanik zusammen mit der allgemeinen Relativitätstheorie verwendet wird, um die Wahrscheinlichkeit eines Prozesses zu berechnen, bei dem Schwerkraft stattfindet, ist die Antwort eine unendliche Wahrscheinlichkeit. Das ist keine gute Sache. Jede Antwort mit einer Wahrscheinlichkeit über 100 % ist effektiv bedeutungslos. Es zeigt nur, dass die Kombination von allgemeiner Relativitätstheorie und Quantenmechanik einfach nicht funktioniert.

Einstein verbrachte die letzten 30 Jahre seines Lebens damit, einen Weg zu finden, Elektromagnetismus und Schwerkraft zu vereinen, aber es gelang ihm nicht. Er war überzeugt, dass es eine einzige Theorie geben müsse, die alle physikalischen

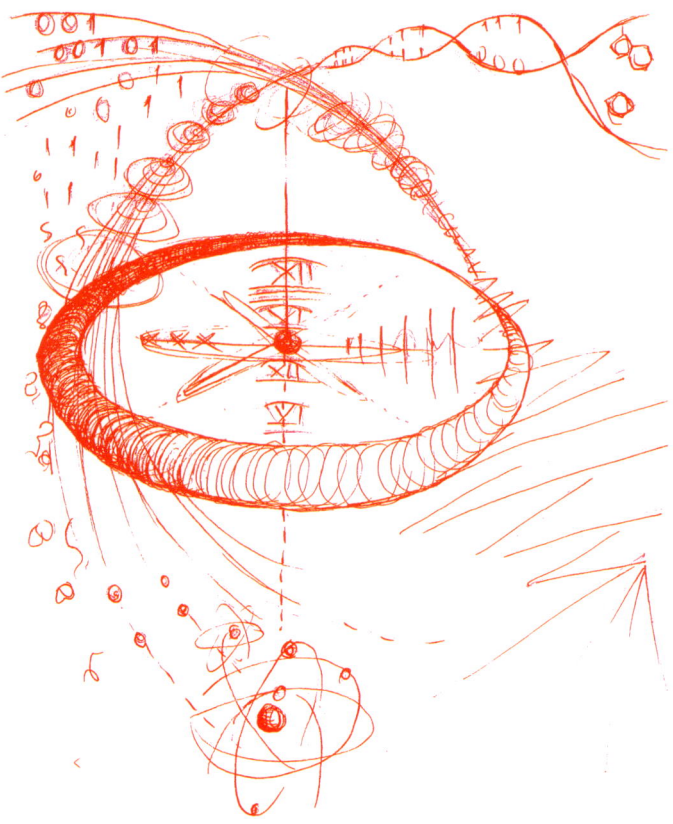

Phänomene des Universums umfassen würde. In seinem No-
belpreis-Vortrag sagte er: „Der Intellekt, der nach einer integ-
rierten Theorie sucht, kann nicht mit der Annahme zufrieden
sein, dass es zwei verschiedene Felder gibt, die aufgrund ihrer
Natur völlig unabhängig voneinander sind." Als Einstein seine
Arbeit an einer einheitlichen Feldtheorie in den 1920er-Jahren
begann, waren Elektromagnetismus und Schwerkraft die einzigen bekannten Kräfte, und die einzigen subatomaren Teilchen,
die entdeckt wurden, waren das Elektron und das Proton. Nun
haben die Physiker gelernt, dass es zwei weitere fundamentale

Kräfte gibt, eine starke Kraft, die Atomkerne miteinander verbindet, und eine schwache Kraft, die den radioaktiven Zerfall regelt, ganz zu schweigen von einer Menge Partikeln wie Quarks, Myonen, Gluonen und Neutrinos. Die meisten anderen Physiker schienen sich keine Gedanken über die Formulierung einer Theorie zu machen, die Elektromagnetismus und Schwerkraft vereinen würde. Der Fokus lag auf der fremden und wunderbaren neuen Welt der Quantenmechanik, in der die ersten Erkundungen stattfanden.

Aber Einstein war auf seiner Suche nicht ganz allein; mehrere andere Wissenschaftler widmeten sich ebenfalls dem Problem der Vereinigung. Im Jahr 1918 hatte Hermann Weyl ein Vereinigungs-Schema vorgeschlagen, das auf einer Verallgemeinerung der Geometrie des gekrümmten Raums basiert, die Einstein bei der Entwicklung seiner allgemeinen Relativitätstheorie verwendet hatte. Inspiriert von Weyls Arbeit zeigte Theodor Kaluza, dass, wenn die Raumzeit auf fünf Dimensionen ausgedehnt würde, vier dieser Dimensionen Einsteins allgemeine Relativitätsgleichungen für den Elektromagnetismus umfassen würden, während die fünfte Dimension das Äquivalent zu Maxwells Gleichungen für Elektromagnetismus wäre. Oskar Klein stellte später fest, dass die fünfte Dimension so klein ist, dass wir sie nicht erkennen können.

Einstein war von dem fünfdimensionalen Ansatz ziemlich begeistert. 1919 schrieb er an Kaluza: „Die Idee, eine Vereinigung durch eine fünfdimensionale Zylinderwelt zu erreichen, ist mir nie in den Sinn gekommen ... Auf den ersten Blick mag ich Ihre Idee enorm." Einstein untersuchte auch den Ansatz, die allgemeine Relativitätstheorie auf den Elektromagnetismus auszudehnen, dabei aber die vierdimensionale Geometrie der Raumzeit beizubehalten. In den letzten 30 Jahren seines Lebens beharrte er auf beiden Ansätzen, fand jedoch niemals die Antworten, auf die er sich konzentrierte. „Die meisten meiner intellektuellen Nachkommen landen sehr früh auf dem Friedhof der enttäuschten Hoffnungen", klagte er 1938.

Einstein verbrachte die letzten Jahrzehnte seines Lebens damit, seine Ideen zu einer einheitlichen Theorie zu verfeinern, während er versuchte, das zu lösen, was er in seiner allgemeinen Relativitätstheorie als Probleme ansah, auch seine Vorhersage von Schwarzen Löchern, die ihm einfach nicht gefiel. Eine unglückliche Konsequenz von Einsteins Suche nach Einheitlichkeit war, dass sie ihn bis zu einem gewissen Grad vom Rest der Physikgemeinschaft isolierte. Es gab viele Physiker, die der Meinung waren, dass Einstein in den letzten 20 Jahren seines Lebens nichts von Bedeutung für die Physik hervorgebracht hatte. Insbesondere Einsteins Antipathie gegenüber der Quantenmechanik könnte ihn von einigen vielversprechenden Forschungslinien ausgeschlossen haben. Es war zu einem großen Teil sein Glaube, dass die Quantenmechanik fehlerhaft war, der Einstein zu seiner Vereinigungssuche anspornte. Er hat zweifellos an ein Universum geglaubt, das völlig unabhängig existiert und nicht erst wartet, bis es beobachtet wird, um Form anzunehmen, wie es die Quantenmechanik wollte. „Glauben Sie wirklich, dass der Mond nicht da ist, wenn Sie ihn nicht sehen?", fragte er.

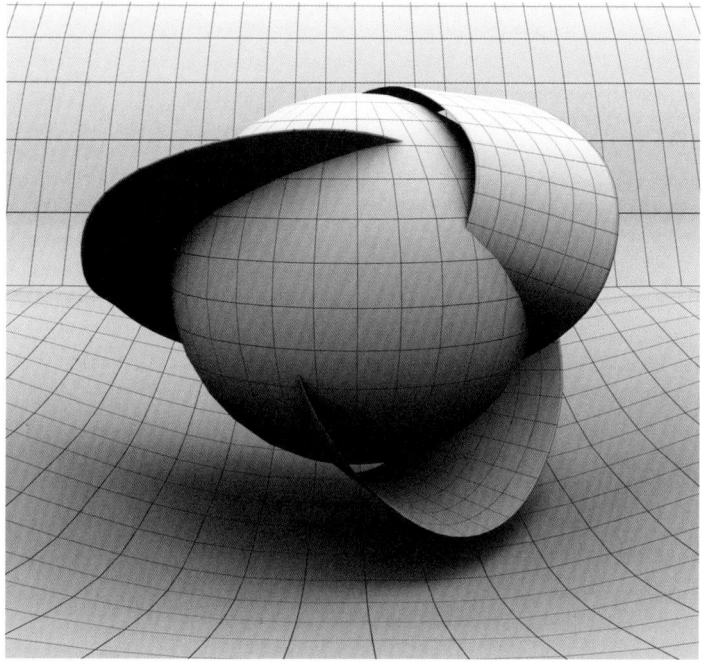

Einstein war sich dieses Mangels im Umgang mit der Quantenmechanik bewusst und kommentierte 1954: „Ich muss wie ein
Strauß aussehen, der seinen Kopf für immer in den relativisti-
schen Sand steckt, um den bösen Quanten nicht zu begegnen."
Am Ende seines Lebens, und vielleicht realisierend, dass seine
Suche fruchtlos sein würde, schrieb er: „Ich habe mich in ziemlich hoffnungslose wissenschaftliche Probleme verstrickt, zumal
ich mich als älterer Mensch von der Gesellschaft hier entfrem-
det habe."

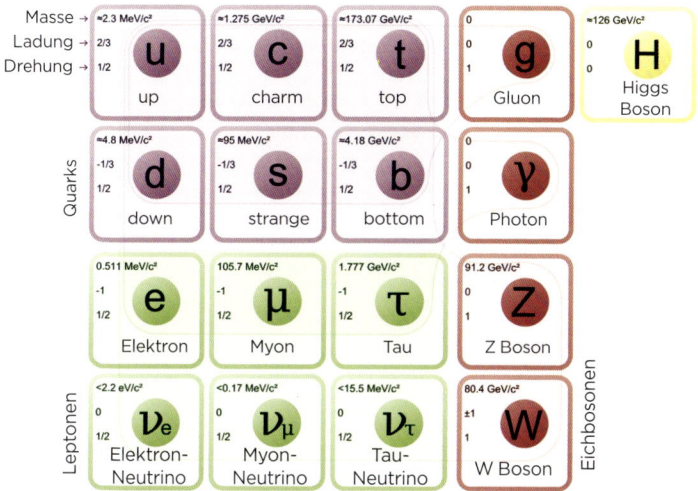

Vielleicht war Einstein seiner Zeit einfach voraus. Jahrzehnte
nach seinem Tod ist die Suche nach einer „allumfassenden
Theorie" für viele Physiker ein heiliger Gral geworden.

Das Standardmodell

In den 1960er- und 1970er-Jahren entdeckten Teilchenphysiker,
dass es zwei grundlegende Bausteine der Materie gibt – es handelt sich um grundlegende Teilchen, die als Quarks und Leptonen bekannt sind. Quarks sind immer in größeren Teilchen wie
Protonen und Neutronen zu finden; sie sind nie isoliert in der

Natur zu finden und immer mit anderen Quarks verbunden, die von der kurzwelligen Kernkraft zusammengehalten werden. Die Leptonen, zu denen das Elektron gehört, werden von der starken Kraft nicht beeinflusst. Sowohl Quarks als auch Leptonen sind jedoch von der schwachen Kernkraft betroffen, die für bestimmte Arten von Radioaktivität verantwortlich ist. Die starke Kraft ist stärker als die elektromagnetische Kraft über Entfernungen, die kleiner als ein Atom sind, während die schwache Kraft schwächer als beide ist. Die Schwerkraft ist die schwächste der vier fundamentalen Kräfte, wirkt jedoch über unendliche Entfernungen. Die elektromagnetische Kraft ist viel stärker als die Schwerkraft und hat auch eine unendliche Reichweite. Im Jahr 1968 kündigten Sheldon Glasgow, Steven Weinberg und Abdus Salam eine einheitliche Theorie des Elektromagnetismus und der schwachen Atomkraft an. Ihre elektroschwache Theorie, wie sie genannt wurde, deutete an, dass die schwache Kraft von Teilchen der W- und Z-Bosonen getragen wird. Diese wurden später in den 1980er-Jahren entdeckt.

Heute glauben Physiker, dass im frühen Universum kurz nach dem Urknall die starken und schwachen nuklearen und elektromagnetischen Kräfte vereinigt wurden. Alle drei dieser fundamentalen Kräfte resultieren aus dem Austausch von Kraftstoffteilchen wie den W- und Z-Bosonen. Jede fundamentale Kraft hat ihr eigenes Boson – die starke Kraft wird vom Gluon und die elektromagnetische Kraft vom Photon getragen. Das Standardmodell der Teilchenphysik, wie es genannt wird, wurde in den frühen 1970er-Jahren entwickelt und erklärt, wie die elektromagnetischen, starken und schwachen Kräfte zusammen mit ihren zugehörigen Trägerteilchen auf alle Materieteilchen wirken. Es funktioniert sehr gut, hat aber Mängel. Es scheint immer noch keine Möglichkeit zu geben, die Schwerkraft mit der Quantenmechanik zu verbinden, und die Schwerkraft ist nicht Teil des Standardmodells. Auf der Skala, in der die Teilchenphysik arbeitet, ist der Einfluss der Schwerkraft so gering, dass sie vernachlässigt werden kann, was bedeutet, dass ihr Ausschluss keinen Einfluss auf die Vorhersagen des Standardmodells hat.

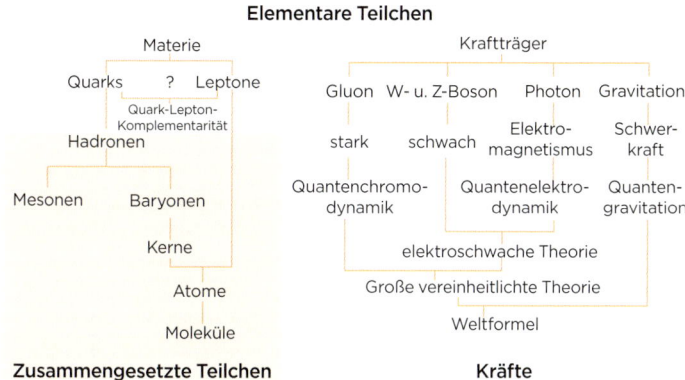

String-Theorie

Derzeit ist die Stringtheorie einer der hoffnungsvollsten Kandidaten für eine Weltformel. Sie verspricht nicht nur eine Theorie der Schwerkraft auf der mikroskopischen Skala, sondern soll auch eine einheitliche und konsistente Beschreibung der grundlegenden Struktur des Universums liefern, die alle vier fundamentalen Kräfte und die Elementarteilchen des Standardmodells vereint.

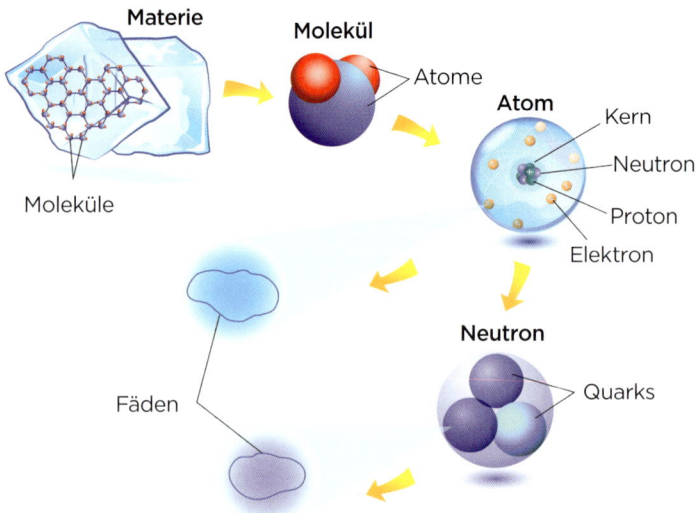

Im Dezember 1984 veröffentlichten John Schwarz vom kaliforni-
schen Institute of Technology in Pasadena und Michael Green
vom Queen Mary College der London University einen Artikel,
der besagt, dass die String-Theorie eine Brücke über den mathematischen Abgrund bauen könnte, der die allgemeine Relativitätstheorie und die Quantenmechanik voneinander trennt.

Im Kern der String-Theorie steht die Idee, dass alle verschiedenen Elementarteilchen tatsächlich nur verschiedene Manifes-
tationen eines Grundobjekts sind: eines Fadens. Seit dem frühen 20. Jahrhundert wurden die Elementarteilchen der Natur
wie Elektronen, Quarks und Neutrinos als winzigste Objekte
ohne innere Struktur beschrieben. Die String-Theorie fordert
dies heraus, indem sie annimmt, dass im Herzen jedes Partikels
eine winzige, vibrierende fadenähnliche Faser sitzt. Die Unterschiede zwischen den verschiedenen Teilchen – Masse, Ladung
und andere Eigenschaften – hängen von den Schwingungen
der inneren Saiten ab. Wie ein geübter Violinist, der eine Melo-
die spielt, manifestiert die Natur alle Teilchen des Atombereichs
durch Änderungen der Frequenz einer eindimensionalen subatomaren Saite.

Von großem Interesse ist die Tatsache, dass eine der „Noten" der Saite dem Graviton entspricht. Das Graviton ist ein hypothetisches Teilchen, das laut Quantenphysik die Schwerkraft von einem Ort zum anderen tragen sollte, genau wie das Photon es für die elektromagnetische Kraft erledigt. Dies schien ein Weg zu sein, Schwerkraft und Quantenmechanik zusammenzubringen. Sind Strings also „echt"? Könnten wir sie zum Beispiel im Large Hadron Collider des CERN suchen? Leider ist das einfach nicht möglich. Die Mathematik der String-Theorie verlangt, dass sie etwa eine Milliarde Mal kleiner sind als alles, was die stärksten Teilchenbeschleuniger der Welt entdeckt haben.

Was ist Schwerkraft – gekrümmte Raumzeit oder Gravitonen?

Theoretiker glauben derzeit, dass die Beschreibung der Schwerkraft als Ergebnis der durch die Materie verursachten Krümmung der Raumzeit oder als Austausch von Graviton-Kraftpartikeln gleichermaßen gültig ist; so wie wir den Elektromagnetismus als das Ergebnis von Änderungen im elektromagnetischen Feld oder als Austausch von Photonen betrachten können. Das Problem ist, dass die Physiker dank Einstein und der allgemeinen Theorie zwar eine praktikable Lösung für die Schwerkraft haben, die das Gravitationsfeld und die Gravitationskräfte als eine Krümmung der Raumzeit einschließt, es jedoch keine aktuelle Quantentheorie der Gravitation mit Gravitonen gibt, die ausgearbeitet und durch Experimente bewiesen ist, wie die von Einstein. Die String-Theorie lässt vermuten, dass Gravitonen existieren könnten, aber es gibt noch keine experimentellen Beweise für ihre Existenz.

Wenn wir nicht, wie der Physiker Brian Greene sagt, „einen Teilchenbeschleuniger von der Größe der Galaxie" bauen können, haben wir keine Hoffnung, Strings direkt zu erkennen. Eine weitere Komplikation der String-Theorie ist, dass ihre Gleichungen es erfordern, dass das Universum zusätzliche räumliche Dimensionen hat, damit sie funktionieren. Die String-Theoretiker griffen die Idee auf, die Kaluza und Klein in den frühen Jahren des

20. Jahrhunderts entwickelt hatten, als sie versuchten, Einsteins Schwerkraft mit dem Elektromagnetismus zu verbinden. Das Universum hat wahrscheinlich die drei großen Dimensionen, die wir alle kennen, durchlaufen, aber es könnte auch zusätzliche Dimensionen geben, die so klein und kompakt sind, dass sie außerhalb des „Normalen" liegen, sodass sie nicht zu erkennen waren.

Eine Gruppe von Theoretikern schlug vor, dass die Saiten wegen ihrer geringen Größe nicht nur in den großen Dimensionen, sondern auch in den kleinen schwingen. Kühn sagten sie voraus, dass es einen Weg geben könnte, auf eine Karte der esoterischen Dimensionen zurückzukommen, da es die Schwingungen sind, die die Eigenschaften der Elementarteilchen bestimmen, die wir experimentell erkennen können, und die Schwingungen durch die Form der zusätzlichen Dimensionen bestimmt werden. Unglücklicherweise schien es, dass die Anzahl der mathematisch zulässigen Formen für die Extra-Dimensionen Milliarden betrug. Der Theoretiker Leonard Susskind meinte, wenn es nicht die eine richtige Form gäbe, wären sie vielleicht alle richtig. Vielleicht sind alle Formen in ihrem einzigartigen Universum die richtige Form. Unser Universum wäre nur eine riesige, vielleicht unendliche Vereinigung, deren Eigenschaften durch die Form ihrer zusätzlichen Dimensionen bestimmt werden. Die in „unserem" Universum verborgenen Dimensionen ermöglichen die Gesetze der Physik, die zur Existenz von Sternen und Galaxien, den chemischen Elementen und dem Leben selbst führten. In einer anderen dimensionalen Konstellation würden andere Gesetze gelten und das Universum wäre ein völlig anderer, wahrscheinlich lebloser Ort.

Diese berauschenden Ideen spiegeln Entwicklungen in der Kosmologie wider, die darauf hindeuten, dass der Urknall möglicherweise kein einzigartiges Ereignis war. Stattdessen, so die Theorie, gab es unendlich viele Knalle, die zu einer Unendlichkeit von expandierenden Universen geführt haben, die als Multiversum bezeichnet werden, vielleicht, wenn Susskind recht hat, jedes mit seiner einzigartigen Ergänzung kompakter Dimensionen.

Kann irgendetwas davon wahr sein? Theoretisch könnte es so sein, obwohl wir niemals sicher sein können. Aber wie wir gesehen haben, zeigt die Wissenschaftsgeschichte, dass wir Ideen nicht aus der Hand geben sollten, nur weil sie dem widersprechen, was der „gesunde Menschenverstand" vermuten lässt. Mit dieser Art von Einstellung hätten wir die Quantenphysik oder Einstein und seine Relativitätstheorien nicht akzeptiert. Was hätte Einstein daraus gemacht? Hätte er die Mathematik der String-Theorie angenommen, hätte er einen Fehler darin gefunden und sie abgelehnt, wie er es mit der Quantenmechanik tat? Würde der Mann, der überzeugt war, dass „Gott nicht würfelt", die Vorstellung einer Unendlichkeit der Universen akzeptieren, deren Charakteristika jeweils durch einen neuen Wurf der kosmischen Würfel bestimmt wurden? Es ist sehr wahrscheinlich, dass er von allem fasziniert sein würde.

In einem Brief, den er 1953 schrieb, erklärte Einstein: „Jeder Einzelne ... muss seine Denkweise behalten, wenn er sich nicht im Labyrinth der Möglichkeiten verlieren will. Jedoch ist niemand sicher, den richtigen Weg eingeschlagen zu haben. Ich am wenigsten."